똑똑한 하루

빅터
연산

Chunjae
Makes
Chunjae

▼

기획총괄   박금옥
편집개발   지유경, 정소현, 조선영, 최윤석,
              김장미, 유혜지, 남솔, 정하영
디자인총괄 김희정
표지디자인 윤순미, 심지현
내지디자인 이은정, 김정우, 퓨리티
제작   황성진, 조규영

발행일   2023년 10월 1일 초판   2023년 10월 1일 1쇄
발행인   (주)천재교육
주소   서울시 금천구 가산로9길 54
신고번호   제2001-000018호
고객센터   1577-0902

똑똑한 **하루**

빅터연산

지루하고 힘든 연산은 **OUT!**

쉽고 재미있는 **빅터연산으로 연산홀릭**

입학 전
자신감을
키워주는

C

예비초

빅터 연산 단/계/별 학습 내용

빅터 연산
구성과 특징
예비초 C권

학습 준비

배울 내용 미리보기
이 단원에서 학습할 내용을 미리 알아봅니다.

개념 & 원리

개념 & 원리 탄탄
연산의 원리를 쉽고 재미있게 이해하도록 하였습니다.
원리 이해를 돕는 문제로 연산의 기본을 다집니다.

즐거운 연산

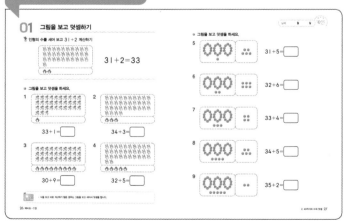

재미있는 유형으로 즐거운 연산
다양한 형태의 문제로 쉽고 재미있게
연산을 할 수 있습니다.

실력 확인

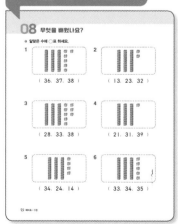

무엇을 배웠나요?
「무엇을 배웠나요?」를 통해
연산의 기본기를 튼튼히 다집니다.

차례

1 40까지의 수

❖ 40까지의 수

31
삼십일, 서른하나

32
삼십이, 서른둘

33
삼십삼, 서른셋

34
삼십사, 서른넷

35
삼십오, 서른다섯

36
삼십육, 서른여섯

37
삼십칠, 서른일곱

38
삼십팔, 서른여덟

39
삼십구, 서른아홉

40
사십, 마흔

40까지의 수 알아보기

🌵 31부터 40까지의 수 쓰고 읽기

31	32	33	34	35
(삼십일, 서른하나)	(삼십이, 서른둘)	(삼십삼, 서른셋)	(삼십사, 서른넷)	(삼십오, 서른다섯)

36	37	38	39	40
(삼십육, 서른여섯)	(삼십칠, 서른일곱)	(삼십팔, 서른여덟)	(삼십구, 서른아홉)	(사십, 마흔)

● 수를 따라 써 보세요.

1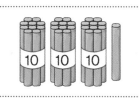

| 31 | 31 | 31 | 31 | 31 |

2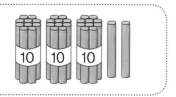

| 32 | 32 | 32 | 32 | 32 |

3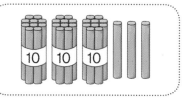

| 33 | 33 | 33 | 33 | 33 |

4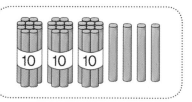

| 34 | 34 | 34 | 34 | 34 |

● **수를 따라 써 보세요.**

5

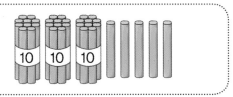

| 35 | 35 | 35 |

6

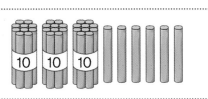

| 36 | 36 | 36 |

7

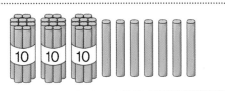

| 37 | 37 | 37 |

8

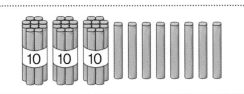

| 38 | 38 | 38 |

9

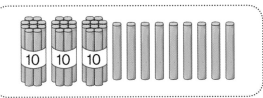

| 39 | 39 | 39 |

10

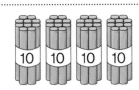

| 40 | 40 | 40 |

꿀Tip

· 수를 소리 내 읽으면서 씁니다.
· 35를 삼십다섯, 서른오라고 읽지 않도록 합니다.

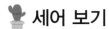 **그림을 보고 세어 보기**

🌵 세어 보기

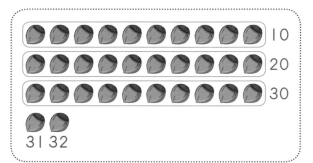

32

30하고 31, 32이므로
도토리는 모두 32개입니다.

● 세어 보고 알맞은 수에 ◯표 하세요.

1

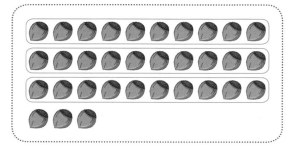

(31, 32, 33)

2

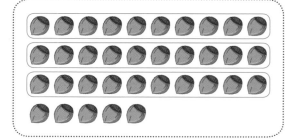

(33, 34, 35)

3

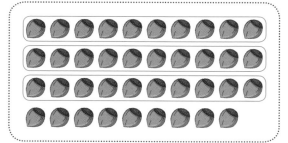

(35, 37, 39)

4

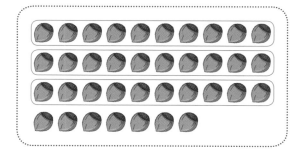

(35, 37, 39)

● 세어 보고 알맞은 수를 써 보세요.

5
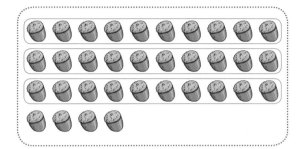

[   ]

6
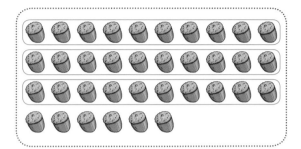

[   ]

7
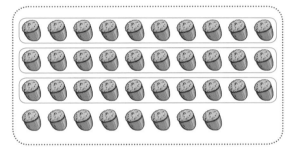

[   ]

8

[   ]

9
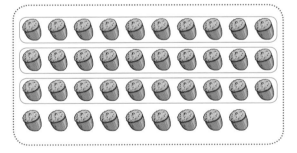

[   ]

10
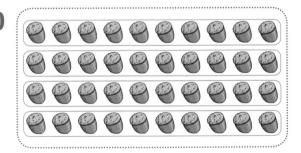

[   ]

 · 도토리를 한 개씩 세어 보거나 10개씩 세어서 10, 20, 30으로 센 후 나머지를 하나씩 세어 봅니다.

03 묶어서 세어 보기

🌵 10개씩 묶어서 세어 보기

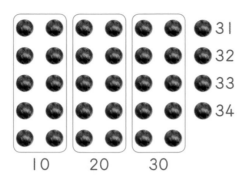

31
32
33
34

34

10개씩 묶어서 세면 한 개씩 셀 때보다 빨리 셀 수 있어요.

10   20   30

● 모두 몇 개인지 써 보세요.

1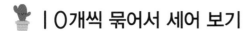

2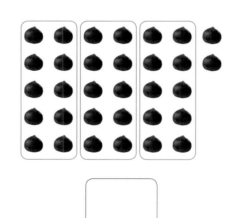

3

4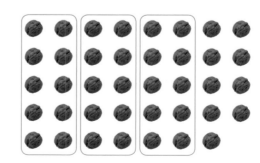

● 10개씩 묶어 보고, 모두 몇 개인지 써 보세요.

5

6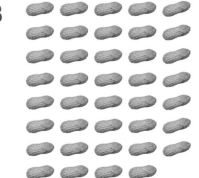

7

8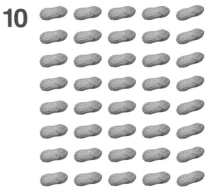

9

10

04 수의 순서 (1)

🌵 40까지의 수의 순서

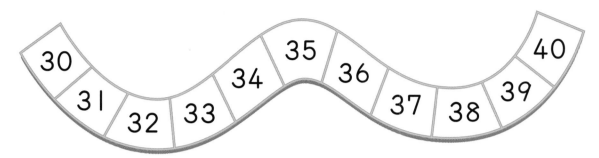

● 순서에 맞게 빈칸에 알맞은 수를 써 보세요.

1

31 32 33   37

2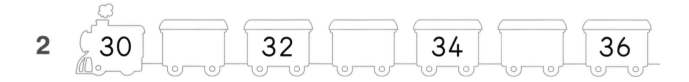

30   32   34   36

3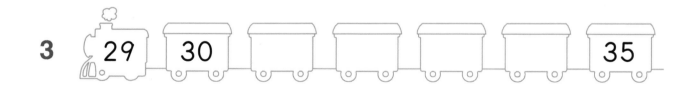

29 30   35

4

33 34 35

 · 30부터 40까지 수를 소리 내 읽으면서 씁니다.

● 순서에 맞게 빈칸에 알맞은 수를 써 보세요.

5

28
29
30

35

6

31

33

36

7

32

35
36

39

8

33

36
37

40

05 수의 순서 (2)

🌵 수의 순서대로 따라가기

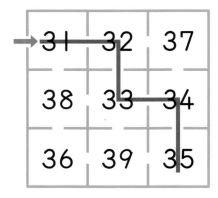

31 부터 순서대로 따라가요.
31 — 32 — 33 — 34 — 35

● 순서에 맞게 따라가세요.

1

36	30	31
34	33	32
35	39	38

2

30	37	39
31	32	33
40	38	34

3

32	38	37
33	31	40
34	35	36

4

33	32	38
34	35	31
40	36	37

5 한 걸음씩 움직여서 30부터 40까지의 수를 순서대로 따라가면 아이스크림을 먹을 수 있어요.

 • 30부터 수의 순서대로 선을 그어가며 수를 따라갑니다.

06 모두 몇 개인지 알아보기

🌵 과자를 모으면 모두 몇 개인지 알아보기

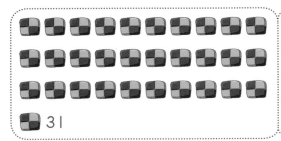 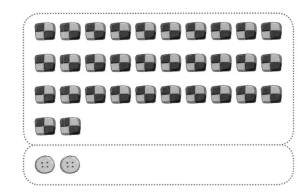

과자의 수는 35입니다.

● 과자는 모두 몇 개인지 수를 써 보세요.

1

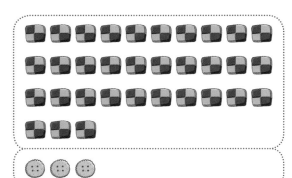

2

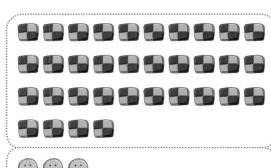

3

4

● 도토리는 모두 몇 개인지 수를 써 보세요.

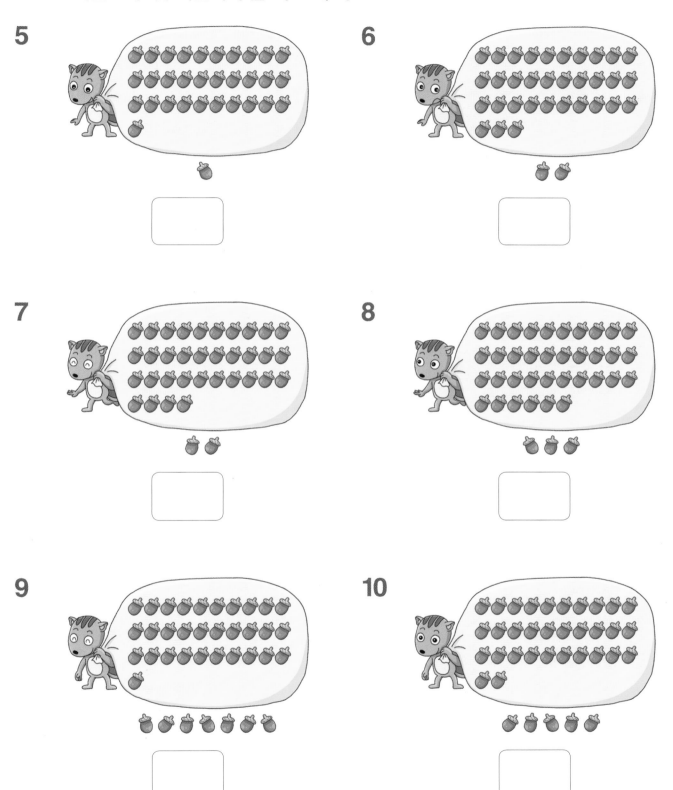

07 덜어 내고 남은 것 알아보기

🌵 덜어 내고 남은 연결 모형의 수를 세어 보기

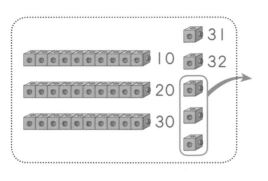

32

덜어 내고 남은 것을
세어 보면 32입니다.

● 덜어 내고 남은 것의 수를 써 보세요.

1

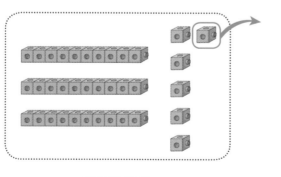

2

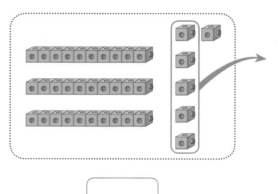

3

4

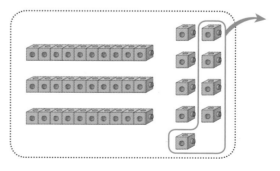

● 덜어 내고 남은 것의 수를 써 보세요.

5
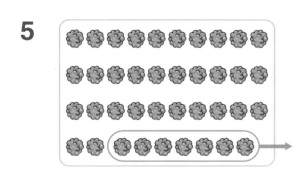

6
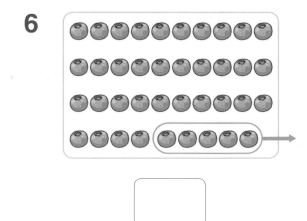

7
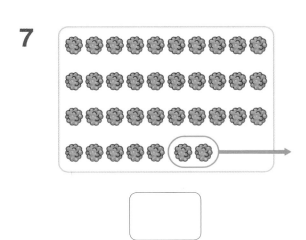

8
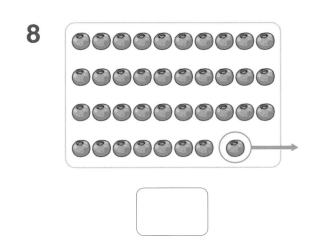

9
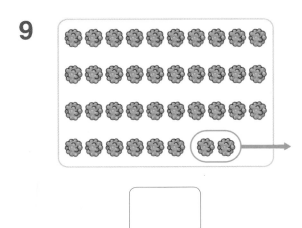

10
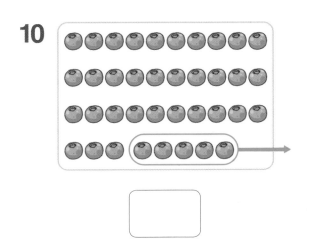

● 알맞은 수에 ◯표 하세요.

1

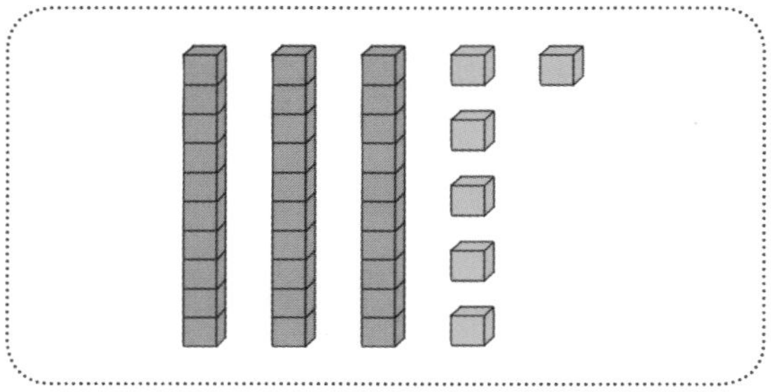

(36, 37, 38)

2

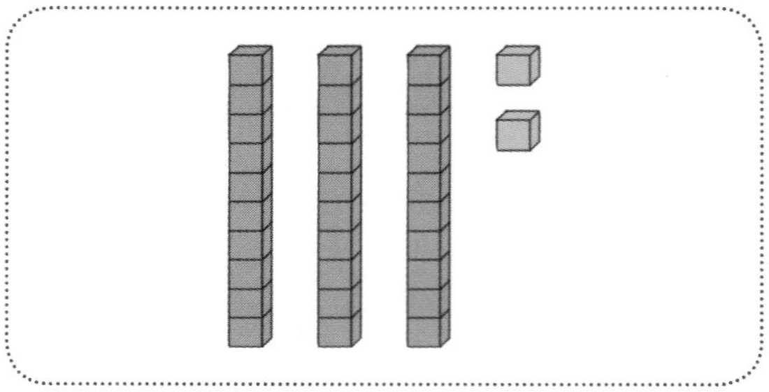

(13, 23, 32)

3

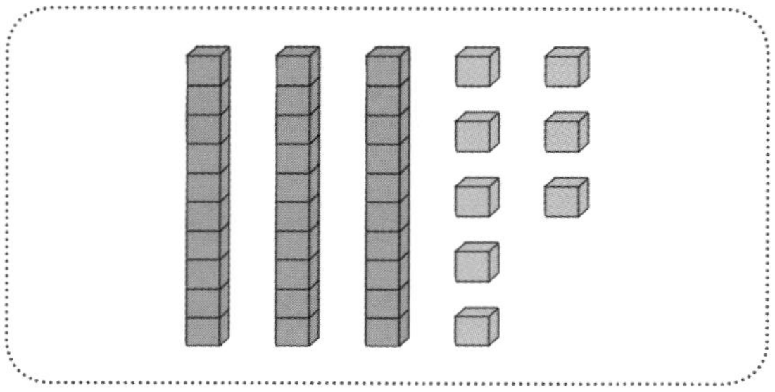

(28, 33, 38)

4

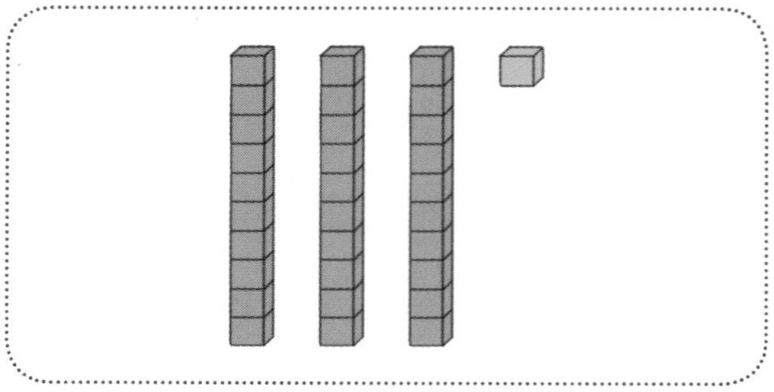

(21, 31, 39)

5

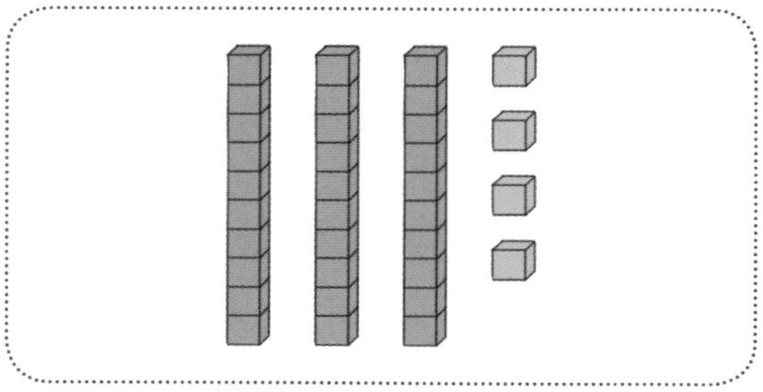

(34, 24, 14)

6

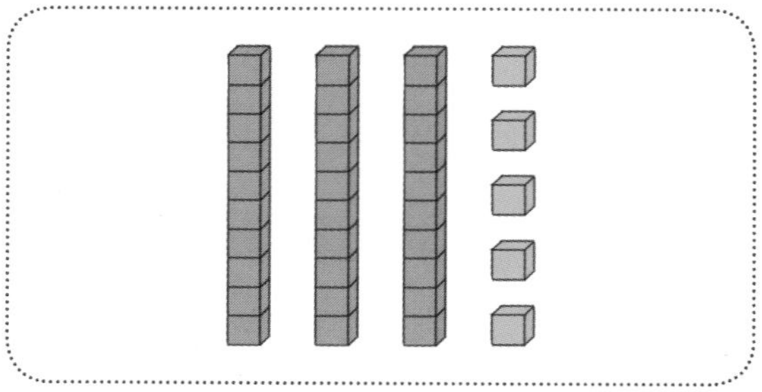

(33, 34, 35)

● 수의 순서가 바른 것에 ◯표 하세요.

7

36, 32, 35	
37, 38, 39	

8

36, 27, 38	
33, 34, 35	

9

36, 33, 38, 39	
32, 33, 34, 35	

10

29, 30, 31, 32	
31, 23, 33, 34	

● 순서에 맞게 빈칸에 알맞은 수를 써 보세요.

11

28			31	
33	34		36	

12

31	32	33		
36				

❖ 31＋2 계산하기

• 그림을 보고 계산하기

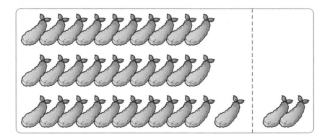

$$31＋2＝33$$

• 세로로 계산하기

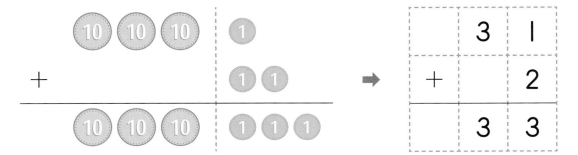

01 그림을 보고 덧셈하기

🌵 인형의 수를 세어 보고 31 + 2 계산하기

$$31 + 2 = 33$$

● 그림을 보고 덧셈을 하세요.

1

$$33 + 1 = \boxed{}$$

2

$$34 + 3 = \boxed{}$$

3

$$30 + 9 = \boxed{}$$

4

$$32 + 5 = \boxed{}$$

· 식을 보고 바로 계산하기 힘든 경우는 그림을 보고 세어서 덧셈을 합니다.

● 그림을 보고 덧셈을 하세요.

5

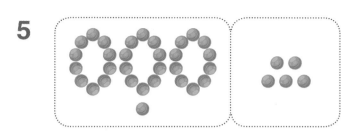

$31 + 5 =$ ⬚

6

$32 + 6 =$ ⬚

7

$33 + 4 =$ ⬚

8

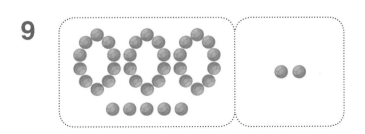

$34 + 5 =$ ⬚

9

$35 + 2 =$ ⬚

02 색칠하고 덧셈하기

🌵 색칠하고 3 1 + 2 계산하기

$$31+2=33$$

2개를 더 색칠해요.

● 초록색 수만큼 연결 모형을 색칠하고 덧셈을 하세요.

1

$$32+1=\boxed{}$$

2

$$36+2=\boxed{}$$

3

$$35+1=\boxed{}$$

● 더 넣은 사탕 수만큼 색칠하고 덧셈을 하세요.

4

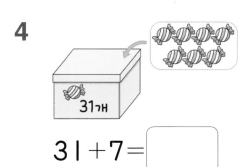

$31 + 7 =$ ⬜

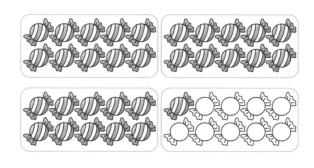

5

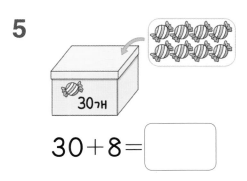

$30 + 8 =$ ⬜

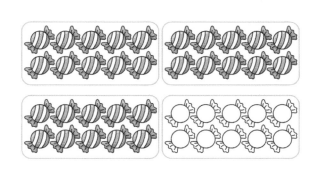

6

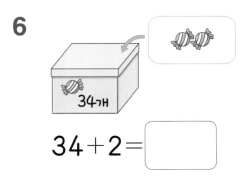

$34 + 2 =$ ⬜

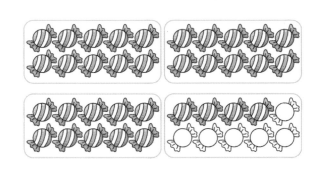

7

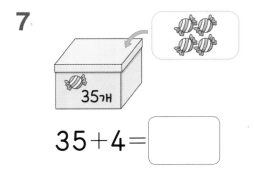

$35 + 4 =$ ⬜

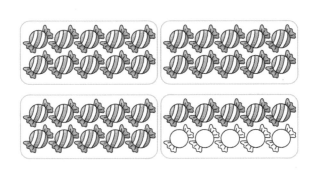

03 수를 이어 세어 덧셈하기

🌵 이어 세어 보고 31 + 2 계산하기

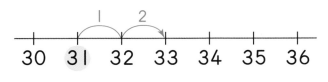

$$31 + 2 = 33$$

+2는 오른쪽으로 두 칸 가요.

● 덧셈을 하세요.

1

30 31 32 33 34 35 36

30 + 5 = ☐

2

30 31 32 33 34 35 36

31 + 4 = ☐

3

34 35 36 37 38 39 40

36 + 3 = ☐

4

34 35 36 37 38 39 40

37 + 3 = ☐

· 수직선에서 오른쪽으로 한 칸씩 갈 때마다 1씩 커집니다.

● 이어 세기를 표시하고 덧셈을 하세요.

5   35 36 37 38 39 40   38+1=☐

6   35 36 37 38 39 40   35+5=☐

7   33 34 35 36 37 38   34+4=☐

8   31 32 33 34 35 36   32+4=☐

9   31 32 33 34 35 36 37 38 39 40

32+7=☐

04 비슷한 덧셈하기

1+2와 31+2 알아보기

1+2=3

31+2=33

그대로

● 그림을 보고 알맞은 수를 써 보세요.

1

1+8=☐

31+8=☐

2

3+2=☐

33+2=☐

· 낱개는 낱개끼리 더하고 10개씩 묶음은 그대로 씁니다.

● 덧셈을 하세요.

3

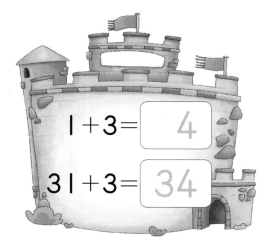

$1 + 3 = \boxed{4}$

$31 + 3 = \boxed{34}$

4

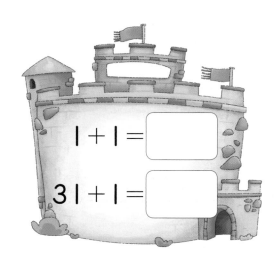

$1 + 1 = \boxed{}$

$31 + 1 = \boxed{}$

5

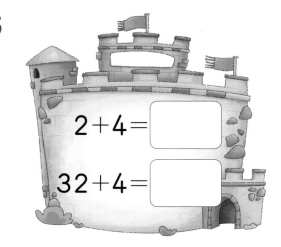

$2 + 4 = \boxed{}$

$32 + 4 = \boxed{}$

6

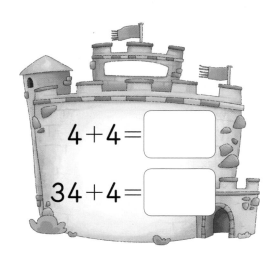

$4 + 4 = \boxed{}$

$34 + 4 = \boxed{}$

7

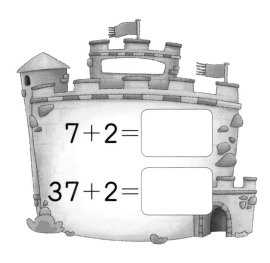

$7 + 2 = \boxed{}$

$37 + 2 = \boxed{}$

8

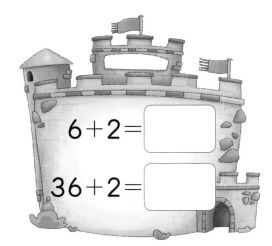

$6 + 2 = \boxed{}$

$36 + 2 = \boxed{}$

05 세로셈 알아보기

🌵 세로로 3 | +2 계산하기

	3	1
+		2
	3	3

● 동전을 보고 덧셈을 하세요.

1

	3	2
+		6

2

	3	3
+		4

 · 세로셈을 할 때에는 자리를 잘 맞춰 씁니다.

날짜   월   일   확인

● 덧셈을 하세요.

3
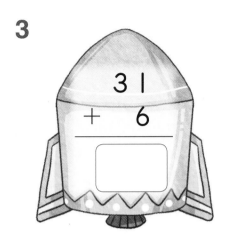
$$\begin{array}{r} 3\ 1 \\ +\ \ \ 6 \\ \hline \end{array}$$

4
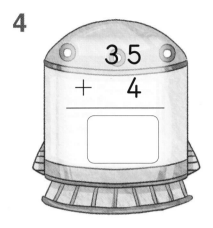
$$\begin{array}{r} 3\ 5 \\ +\ \ \ 4 \\ \hline \end{array}$$

5
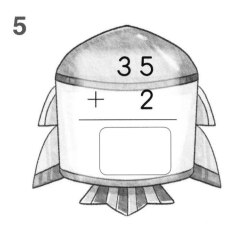
$$\begin{array}{r} 3\ 5 \\ +\ \ \ 2 \\ \hline \end{array}$$

6
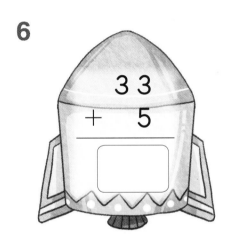
$$\begin{array}{r} 3\ 3 \\ +\ \ \ 5 \\ \hline \end{array}$$

7
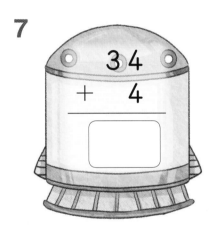
$$\begin{array}{r} 3\ 4 \\ +\ \ \ 4 \\ \hline \end{array}$$

8
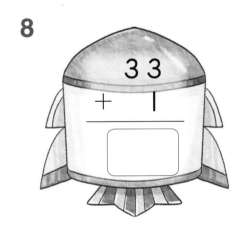
$$\begin{array}{r} 3\ 3 \\ +\ \ \ 1 \\ \hline \end{array}$$

9
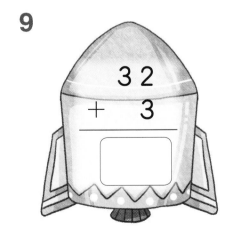
$$\begin{array}{r} 3\ 2 \\ +\ \ \ 3 \\ \hline \end{array}$$

10

$$\begin{array}{r} 3\ 6 \\ +\ \ \ 2 \\ \hline \end{array}$$

11
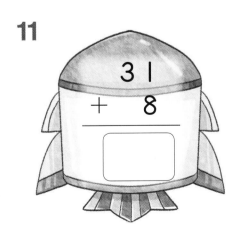
$$\begin{array}{r} 3\ 1 \\ +\ \ \ 8 \\ \hline \end{array}$$

06 식을 쓰고 덧셈하기 (1)

🌵 가로로 식을 쓰고 3 1 + 2 계산하기

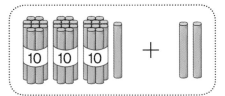

$$3 \mid + 2 = 3 \; 3$$

● 그림을 보고 식을 쓰고 덧셈을 하세요.

1

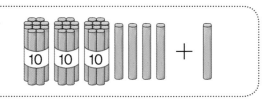

$$3 \; 4 + \mid = \quad \square \; \square$$

2

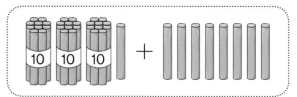

$$\square \; \square + \square = \square \; \square$$

3

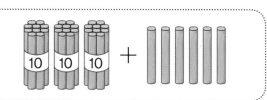

$$\square \; \square + \square = \square \; \square$$

4

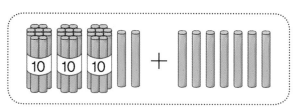

$$\square \; \square + \square = \square \; \square$$

● 그림을 보고 식을 쓰고 덧셈을 하세요.

5

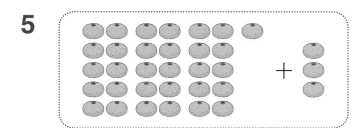

3 1 + 3 = ☐ ☐

6

☐ ☐ + ☐ ☐ = ☐ ☐

7

☐ ☐ + ☐ ☐ = ☐ ☐

8

☐ ☐ + ☐ ☐ = ☐ ☐

9

☐ ☐ + ☐ ☐ = ☐ ☐

07 식을 쓰고 덧셈하기 (2)

🌵 세로로 식을 쓰고 3 1 ＋2 계산하기

31＋2＝33

	3	1
＋		2
	3	3

구슬이 모두 몇 개인지 더하면 알 수 있어요.

● 구슬은 모두 몇 개인지 식을 쓰고 계산을 하세요.

1

	3	2
＋		3

2

＋		

3

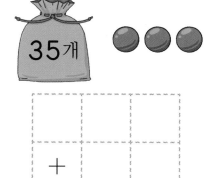

＋		

4

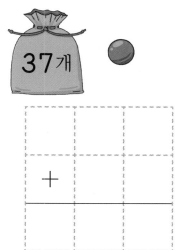

＋		

● 수 카드에 적힌 두 수의 덧셈을 하세요.

5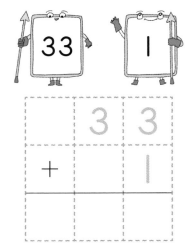

	3	3
+		1

6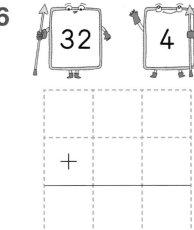

+		

7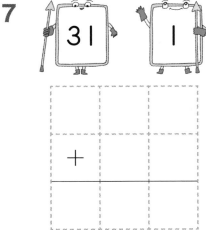

+		

8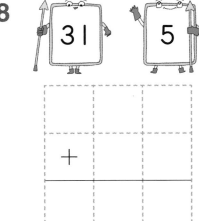

+		

9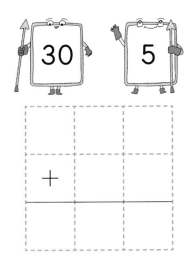

+		

10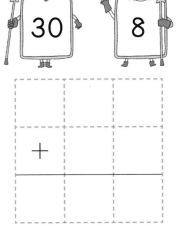

+		

● 빈칸에 알맞은 수를 써넣으세요.

1
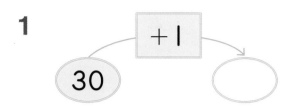

2
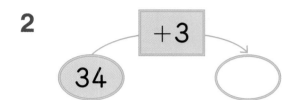

3
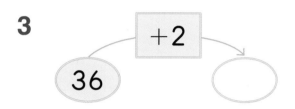

4
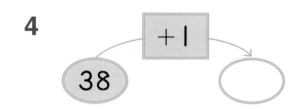

5
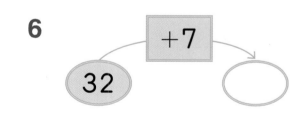

6
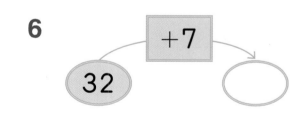

7
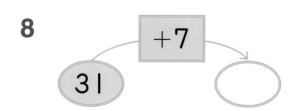

8

9

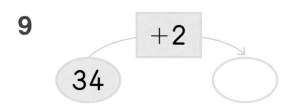

+2

34

10

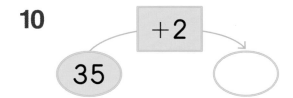

+2

35

11

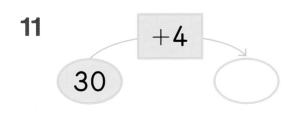

+4

30

12

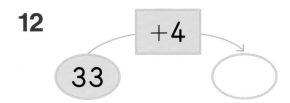

+4

33

13

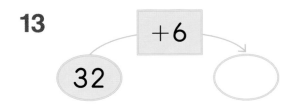

+6

32

14

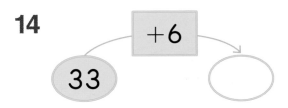

+6

33

15

+8

30

16

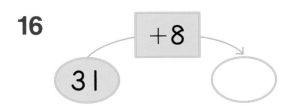

+8

31

● 덧셈을 하세요.

1
$$\begin{array}{r} 3\,1 \\ +\quad 4 \\ \hline \end{array}$$

2
$$\begin{array}{r} 3\,2 \\ +\quad 5 \\ \hline \end{array}$$

3
$$\begin{array}{r} 3\,4 \\ +\quad 1 \\ \hline \end{array}$$

4
$$\begin{array}{r} 3\,3 \\ +\quad 3 \\ \hline \end{array}$$

5
$$\begin{array}{r} 3\,1 \\ +\quad 6 \\ \hline \end{array}$$

6
$$\begin{array}{r} 3\,0 \\ +\quad 6 \\ \hline \end{array}$$

7
$$\begin{array}{r} 3\,1 \\ +\quad 1 \\ \hline \end{array}$$

8
$$\begin{array}{r} 3\,6 \\ +\quad 1 \\ \hline \end{array}$$

9
$$\begin{array}{r} 3\,1 \\ +\quad 3 \\ \hline \end{array}$$

10
$$\begin{array}{r} 3\,2 \\ +\quad 3 \\ \hline \end{array}$$

11
$$\begin{array}{r} 3\,1 \\ +\quad 5 \\ \hline \end{array}$$

12
$$\begin{array}{r} 3\,5 \\ +\quad 2 \\ \hline \end{array}$$

13 30+7=☐

14 32+4=☐

15 33+1=☐

16 30+2=☐

17 36+3=☐

18 32+4=☐

19 35+1=☐

20 32+2=☐

21 33+2=☐

22 37+1=☐

23 31+2=☐

24 34+5=☐

3 40까지의 수의 뺄셈

❖ 33－2 계산하기

- 그림을 보고 계산하기

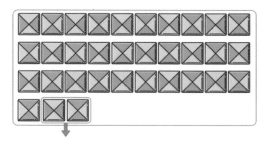

$$33-2=31$$

- 세로로 계산하기

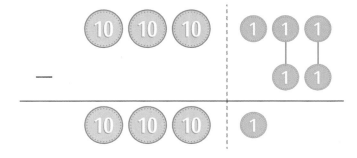

	3	3
－		2
	3	1

01 그림을 보고 뺄셈하기

🌵 그림을 보고 33-2 계산하기

$$33-2=31$$

● 그림을 보고 뺄셈을 하세요.

1

$$33-3=\boxed{}$$

2

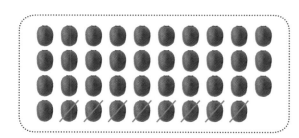

$$38-1=\boxed{}$$

3

$$35-1=\boxed{}$$

4

$$39-8=\boxed{}$$

• 지우고 남은 것의 수를 세어 뺄셈을 합니다.

● 그림을 보고 뺄셈을 하세요.

5

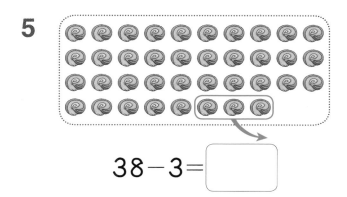

$$38 - 3 = \boxed{}$$

6

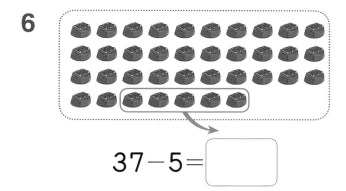

$$37 - 5 = \boxed{}$$

7

$$36 - 4 = \boxed{}$$

8

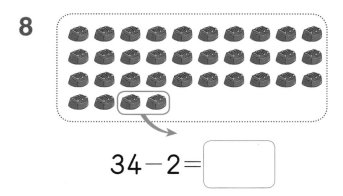

$$34 - 2 = \boxed{}$$

9

$$38 - 4 = \boxed{}$$

10

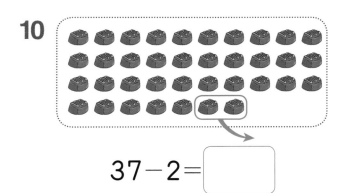

$$37 - 2 = \boxed{}$$

02 지우고 뺄셈하기

🌵 지우고 33-2 계산하기

빼기 2이면 /으로 2개를 지워요.

$$33-2=31$$

● 파란색 수만큼 /으로 지우고 뺄셈을 하세요.

1
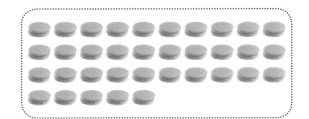

$$35-2=\boxed{}$$

2
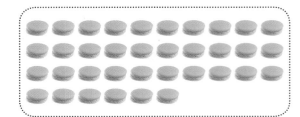

$$36-3=\boxed{}$$

3

$$34-3=\boxed{}$$

4

$$37-5=\boxed{}$$

🍯 Tip • 색칠된 수만큼 직접 지우고 남은 것의 수를 알아봅니다.

● 파란색 수만큼 ×표 하고 뺄셈을 하세요.

5

$34 - 1 = \boxed{}$

6

$37 - 2 = \boxed{}$

7

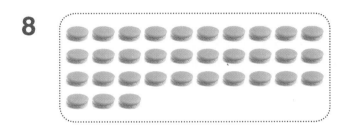

$36 - 3 = \boxed{}$

8

$33 - 1 = \boxed{}$

9

$39 - 2 = \boxed{}$

10

$39 - 3 = \boxed{}$

03 거꾸로 세어 뺄셈하기

🌵 거꾸로 세어 33−2 계산하기

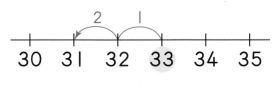

$$33-2=31$$

−2는 왼쪽으로 두 칸 움직여요.

● 거꾸로 세어 뺄셈을 하세요.

1

34 35 36 37 38 39

$38-4=\boxed{}$

2

35 36 37 38 39 40

$39-3=\boxed{}$

3

32 33 34 35 36 37

$37-5=\boxed{}$

4

30 31 32 33 34 35

$35-5=\boxed{}$

● 거꾸로 세기를 표시하고 뺄셈을 하세요.

5 | 32 | 33 | 34 | 35 | 36 | **37** |　　37−4=

6 | 33 | 34 | 35 | 36 | 37 | **38** |　　38−3=

7 | 31 | 32 | 33 | 34 | 35 | **36** |　　36−4=

8 | 30 | 31 | 32 | 33 | 34 | 35 | 36 | 37 | **38** |

　　38−7=

9 | 30 | 31 | 32 | 33 | 34 | 35 | 36 | **37** | 38 |

　　37−7=

꿀 Tip　• 왼쪽으로 한 칸 가면 빼기 1임을 알고 빼는 수만큼 왼쪽으로 움직이는 것을 표시하고 결과를 알아봅니다.

04 비슷한 뺄셈하기

🌵 3−2와 33−2 알아보기

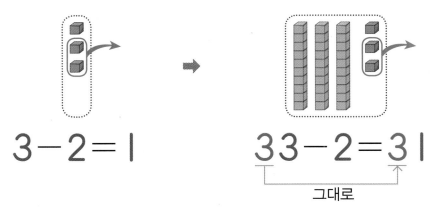

$$3-2=1$$

$$\underbrace{33-2}=\overset{\uparrow}{3}1$$

그대로

● 그림을 보고 알맞은 수를 써 보세요.

1

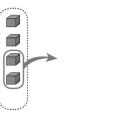

$$4-2=\boxed{}$$

$$34-2=\boxed{}$$

2

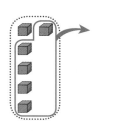

$$6-5=\boxed{}$$

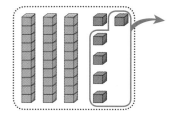

$$36-5=\boxed{}$$

● 사다리 타기를 해서 뺄셈을 하세요.

3

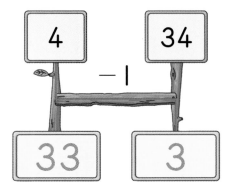

4	34

−1

| 33 | 3 |

4

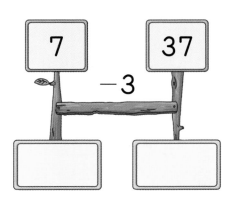

7	37

−3

5

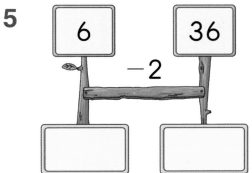

6	36

−2

6

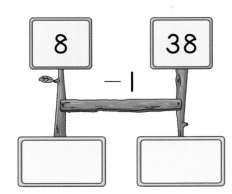

8	38

−1

7

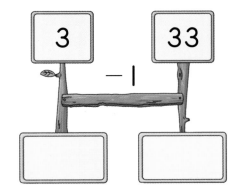

3	33

−1

8

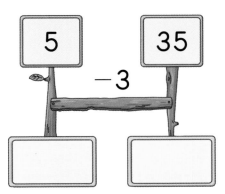

5	35

−3

· 아래로 내려오다가 옆으로 가는 선을 만나면 옆으로 이동하면서 길을 따라갑니다.

05 세로셈 알아보기

🌵 세로로 33−2 계산하기

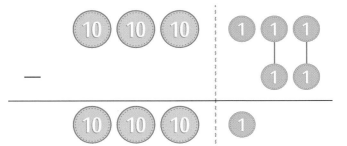

● 동전을 보고 뺄셈을 하세요.

1

	3	4
−		3

2

	3	5
−		3

3

	3	6
−		2

● 뺄셈을 하세요.

4
```
    3 7
  -   1
  ┌─────┐
  └─────┘
```

5
```
    3 8
  -   2
  ┌─────┐
  └─────┘
```

6
```
    3 4
  -   2
  ┌─────┐
  └─────┘
```

7
```
    3 6
  -   1
  ┌─────┐
  └─────┘
```

8
```
    3 5
  -   2
  ┌─────┐
  └─────┘
```

9
```
    3 7
  -   5
  ┌─────┐
  └─────┘
```

10
```
    3 9
  -   4
  ┌─────┐
  └─────┘
```

11
```
    3 9
  -   6
  ┌─────┐
  └─────┘
```

12
```
    3 9
  -   3
  ┌─────┐
  └─────┘
```

06 식을 쓰고 뺄셈하기 (1)

🌵 가로로 식을 쓰고 33−2 계산하기

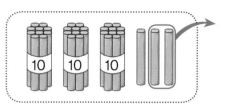

$$3 \quad 3 \quad - \quad 2 \quad = \quad 3 \quad 1$$

● 식을 쓰고 계산을 하세요.

1

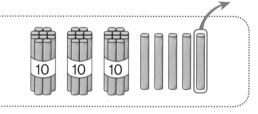

$$3 \quad 5 \quad - \quad | \quad = \quad \square$$

2

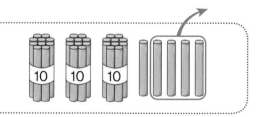

$$\square \quad \square \quad - \quad \square \quad = \quad \square \quad \square$$

3

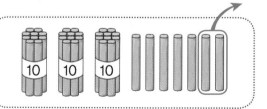

$$\square \quad \square \quad - \quad \square \quad = \quad \square \quad \square$$

4

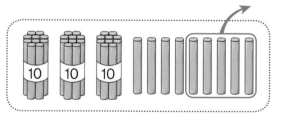

$$\square \quad \square \quad - \quad \square \quad = \quad \square \quad \square$$

 • 그림을 보고 삼십몇에서 몇을 빼는지 먼저 알아보고 식을 쓰고 답을 구합니다.

● 보라색 부분은 얼마인지 식을 쓰고 계산을 하세요.

5

36	
	5

$$3\;6\;-\;5\;=\;\boxed{}$$

6

37	
	3

$$\boxed{}\;-\;\boxed{}\;=\;\boxed{}$$

7

38	
	7

$$\boxed{}\;-\;\boxed{}\;=\;\boxed{}$$

8

38	
	8

$$\boxed{}\;-\;\boxed{}\;=\;\boxed{}$$

9

39	
	7

$$\boxed{}\;-\;\boxed{}\;=\;\boxed{}$$

🌵 세로로 식을 쓰고 33-2 계산하기

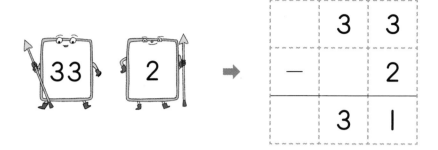

```
    3 3
 -    2
 ─────
    3 1
```

● 수 카드에 적힌 두 수의 뺄셈을 하세요.

1

```
    3 6
 -    1
 ─────
```

2

```
 -
 ─────
```

37   1

3

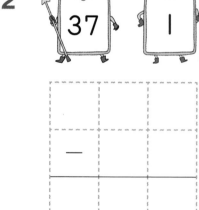

38   3

```
 -
 ─────
```

4

38   5

```
 -
 ─────
```

● 그림을 보고 세로로 식을 쓰고 뺄셈을 하세요.

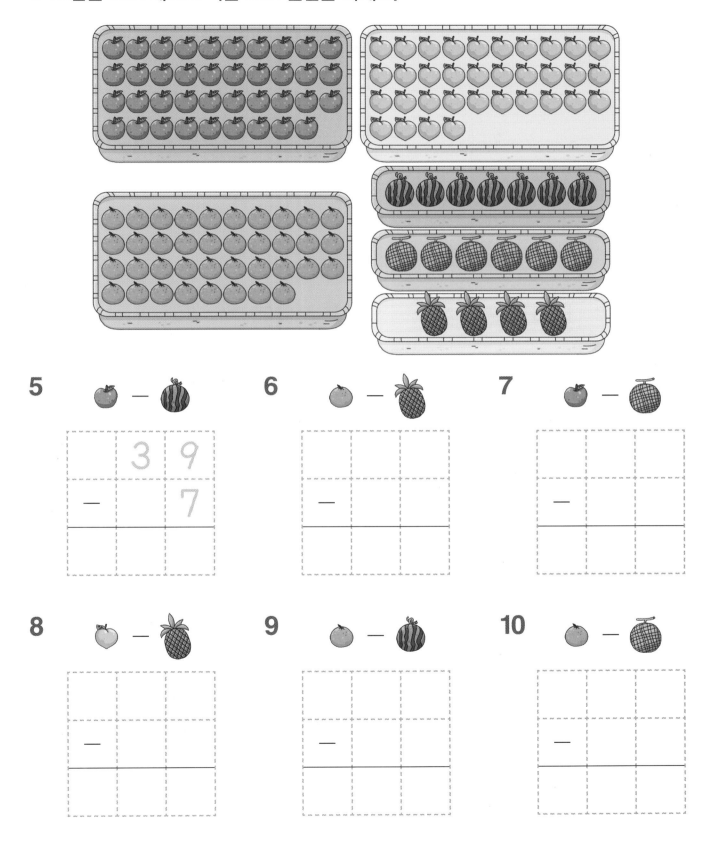

5 🍅 − 🍉

```
  3 9
−   7
─────
```

6 🍊 − 🍍

```
−
─────
```

7 🍎 − 🍈

```
−
─────
```

8 🍑 − 🍍

```
−
─────
```

9 🍊 − 🍉

```
−
─────
```

10 🍊 − 🍈

```
−
─────
```

● 뺄셈을 바르게 한 것에 ◯표 하세요.

1
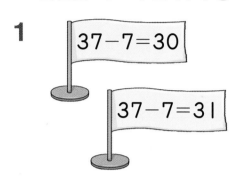
37−7=30
37−7=31

2
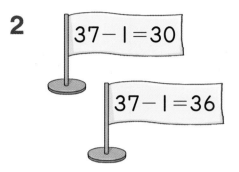
37−1=30
37−1=36

3
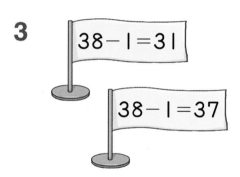
38−1=31
38−1=37

4
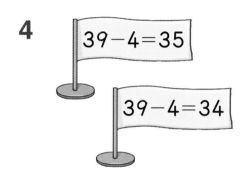
39−4=35
39−4=34

● 뺄셈을 하세요.

5 39 —−2→ ☐

6 38 —−2→ ☐

7 38 —−6→ ☐

8 35 —−5→ ☐

● 뺄셈을 바르게 한 것에 ◯표 하세요.

9

33−2=35

33−2=31

10

35−2=33

35−2=32

11

36−4=32

36−4=34

12

38−4=36

38−4=34

● 뺄셈을 하세요.

13 36 -6 ☐

14 37 -6 ☐

15 39 -8 ☐

16 39 -9 ☐

09 무엇을 배웠나요? ❷

● 뺄셈을 하세요.

1 $9-1=$ [ ]

$39-1=$ [ ]

2 $9-6=$ [ ]

$39-6=$ [ ]

3 $6-2=$ [ ]

$36-2=$ [ ]

4 $5-4=$ [ ]

$35-4=$ [ ]

5 $5-1=$ [ ]

$35-1=$ [ ]

6 $8-3=$ [ ]

$38-3=$ [ ]

7 $7-5=$ [ ]

$37-5=$ [ ]

8 $8-7=$ [ ]

$38-7=$ [ ]

9 $36-1=$ 〔   〕

10 $34-2=$ 〔   〕

11 $39-3=$ 〔   〕

12 $34-3=$ 〔   〕

13 $36-5=$ 〔   〕

14 $38-5=$ 〔   〕

15 $39-7=$ 〔   〕

16 $38-8=$ 〔   〕

17 $37-4=$ 〔   〕

18 $33-3=$ 〔   〕

19 $32-1=$ 〔   〕

20 $39-5=$ 〔   〕

4 50까지의 수

❖ 41부터 50까지의 수

41
사십일, 마흔하나

42
사십이, 마흔둘

43
사십삼, 마흔셋

44
사십사, 마흔넷

45
사십오, 마흔다섯

46
사십육, 마흔여섯

47
사십칠, 마흔일곱

48
사십팔, 마흔여덟

49
사십구, 마흔아홉

50
오십, 쉰

01 50까지의 수 알아보기

🌵 4 1 부터 50까지의 수 쓰고 읽기

4 1
사십일, 마흔하나

42
사십이, 마흔둘

43
사십삼, 마흔셋

44
사십사, 마흔넷

45
사십오, 마흔다섯

46
사십육, 마흔여섯

47
사십칠, 마흔일곱

48
사십팔, 마흔여덟

49
사십구, 마흔아홉

50
오십, 쉰

● 수를 따라 써 보세요.

1  4 1 | 4 1 | 4 1 | 4 1

2  42 | 42 | 42 | 42

3  43 | 43 | 43 | 43

4  44 | 44 | 44 | 44

● 수를 따라 써 보세요.

5

| 45 | 45 | 45 |

6

| 46 | 46 | 46 |

7

| 47 | 47 | 47 |

8

| 48 | 48 | 48 |

9

| 49 | 49 | 49 |

10

| 50 | 50 | 50 |

· 수를 읽으면서 따라 씁니다.
· 41은 사십일, 마흔하나와 같이 두 가지 방법으로 읽을 수 있고, 사십하나와 같이 읽지 않도록 합니다.

02 50까지의 수 세어 보기

🌵 연결 모형의 수 세어 보기

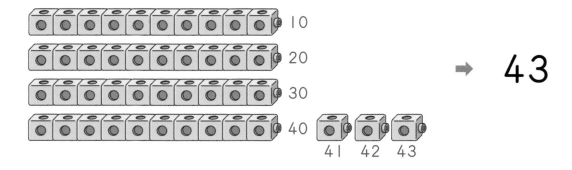

● 연결 모형의 수를 세어 보고 알맞은 수에 ◯표 하세요.

1

(43, 44, 45)

2

(41, 42, 43)

3

(47, 48, 49)

4 미술용품의 수를 세어 보고 알맞은 수를 써 보세요.

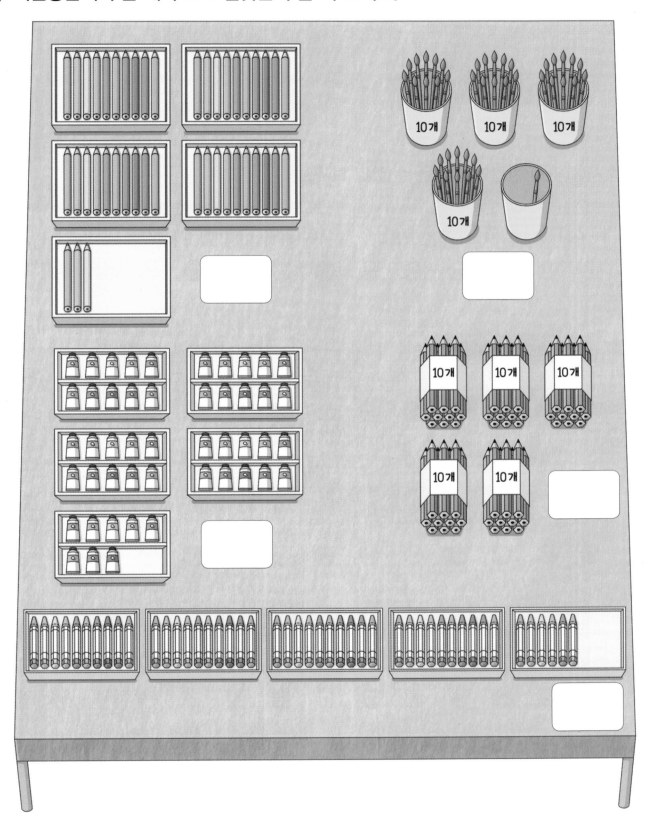

03 수의 순서 (1)

🌵 41부터 50까지의 수의 순서

| 41 | 42 | 43 | 44 | 45 | 46 | 47 | 48 | 49 | 50 |

● 순서에 맞게 빈칸에 알맞은 수를 써 보세요.

1

2

3

4

• 41부터 50까지의 수의 순서를 익히는 차시입니다. ■ 바로 다음의 수는 ■보다 1만큼 더 큰 수이고 ■ 바로 앞의 수는
■보다 1만큼 더 작은 수입니다.

● 수의 순서대로 길을 따라가 보세요.

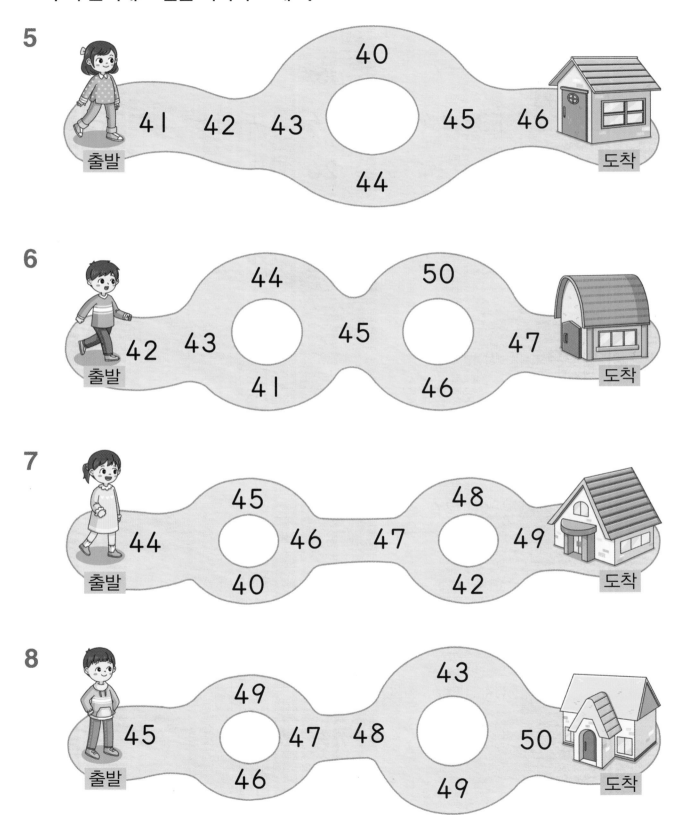

5
출발 41 42 43 40 44 45 46 도착

6
출발 42 43 44 41 45 50 46 47 도착

7
출발 44 45 40 46 47 48 42 49 도착

8
출발 45 49 46 47 48 43 49 50 도착

04 수의 순서 (2)

🌵 **|부터 50까지의 수의 순서**

1	2	3	4	5	6	7	8	9	10
11	12	13	14	15	16	17	18	19	20
21	22	23	24	25	26	27	28	29	30
31	32	33	34	35	36	37	38	39	40
41	42	43	44	45	46	47	48	49	50

● **빈칸에 알맞은 수를 써 보세요.**

1

1	2	3	4	5	6	7	8	9	10
11	12			15	16	17	18	19	20
21	22	23	24	25				29	30

2

21	22		24	25	26	27	28	29	30
31	32	33	34	35	36			39	40
41				45	46	47	48		

3 Ⅰ부터 수의 순서대로 점을 선으로 이어 보세요.

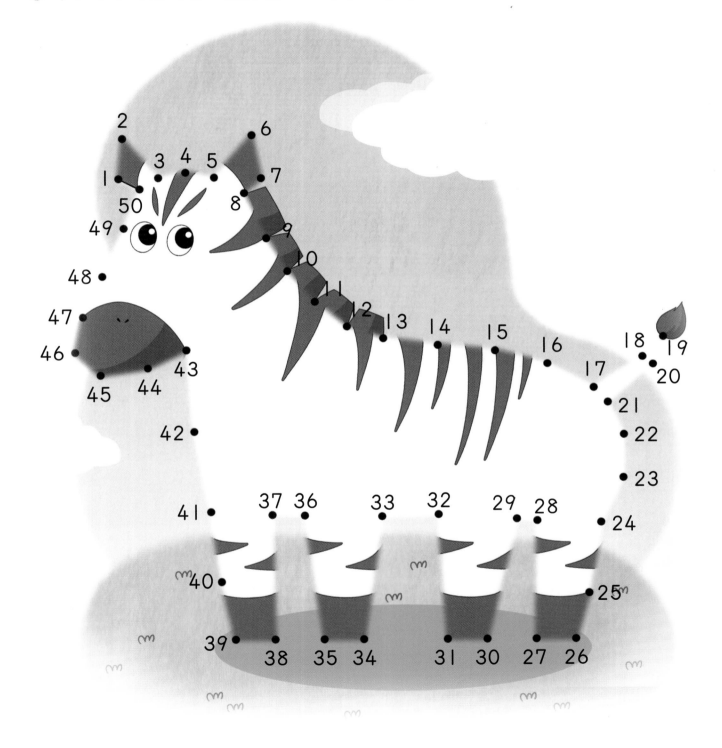

05 모두 몇 개인지 알아보기

🌵 연결 모형을 모으면 모두 몇 개인지 알아보기

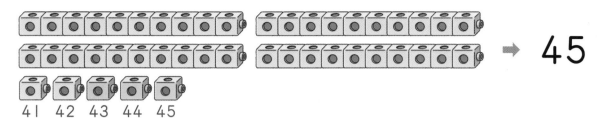

→ 45

● 연결 모형은 모두 몇 개인지 수를 써 보세요.

1

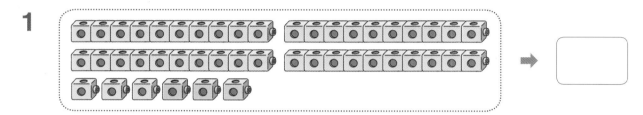

→

2

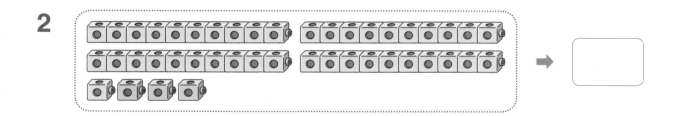

→

3

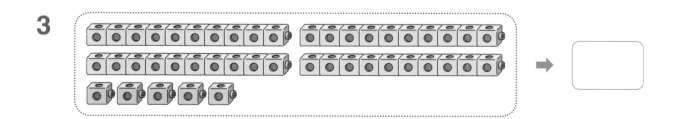

→

4

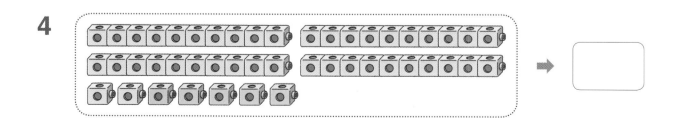

→

● 구슬은 모두 몇 개인지 수를 써 보세요.

5

6

7

8

9

10

06 덜어 내고 남은 것 알아보기

🌵 덜어 내고 남은 연결 모형의 수 세어 보기

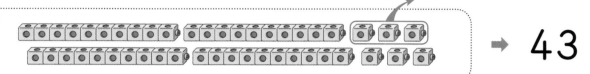 → 43

● 덜어 내고 남은 연결 모형의 수를 써 보세요.

1

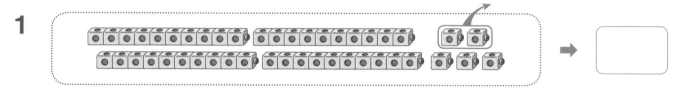 →

2

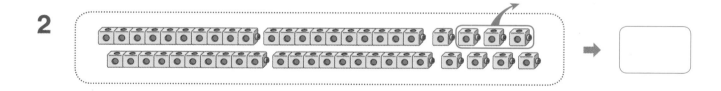 →

3

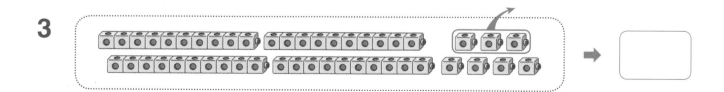 →

4

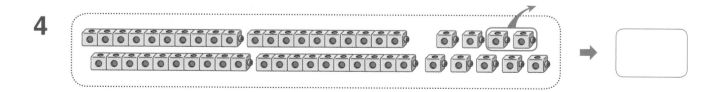 →

● 덜어 내고 남은 수수깡의 수를 써 보세요.

5 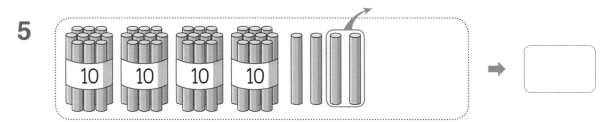 ➡

6 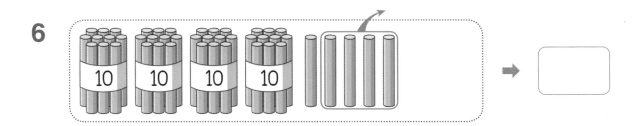 ➡

7 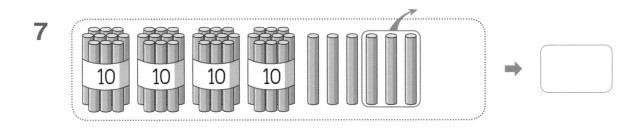 ➡

8 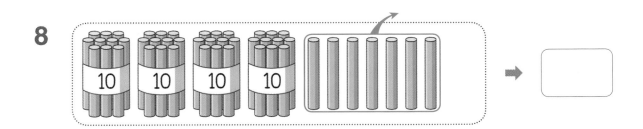 ➡

9 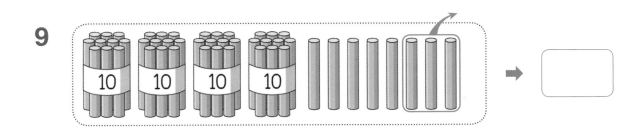 ➡

● 세어 보고 수를 써 보세요.

1

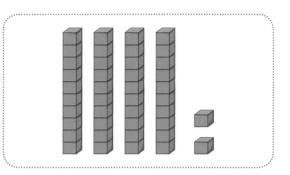

43

2

3

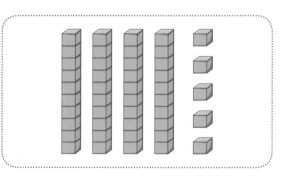

4

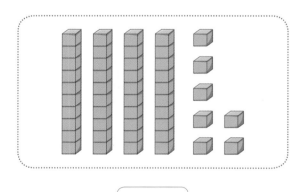

5

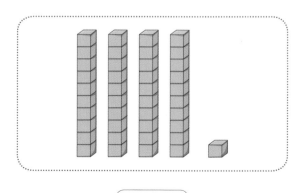

6

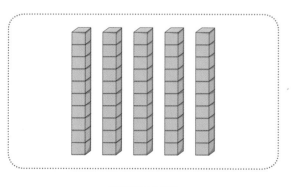

● 색연필의 수를 써 보세요.

7 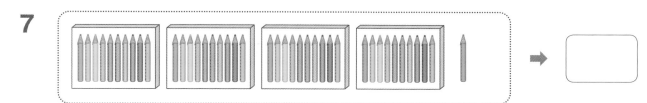 ➡ ☐

8 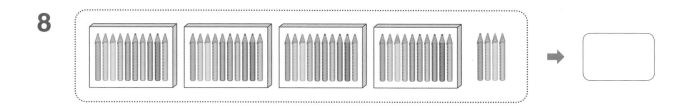 ➡ ☐

9 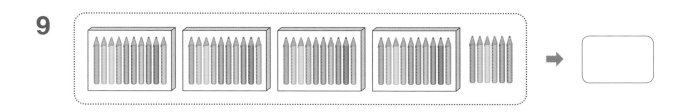 ➡ ☐

● 순서에 맞게 빈칸에 알맞은 수를 써 보세요.

10 40 – 41 – 42 – ☐ – 44 – ☐ – 46 – 47

11 42 – 43 – ☐ – 45 – 46 – ☐ – ☐ – 49

12 43 – 44 – 45 – 46 – 47 – ☐ – ☐ – ☐

5 50까지의 수의 덧셈

❖ 42+3 계산하기

- 그림을 보고 계산하기

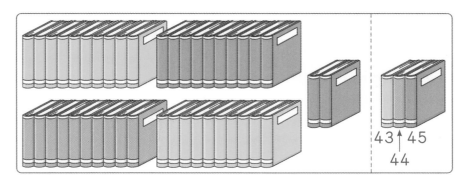

$$42+3=45$$

- 세로로 계산하기

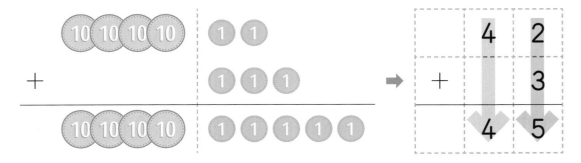

01 그림을 보고 덧셈하기

🌵 구슬의 수를 세어 보고 42+3 계산하기

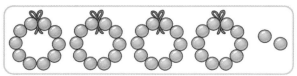

$42+3=45$

● 그림을 보고 덧셈을 하세요.

1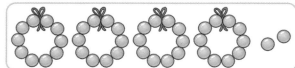

$42+4=\boxed{}$

2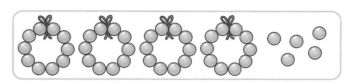

$45+2=\boxed{}$

3

$43+3=\boxed{}$

4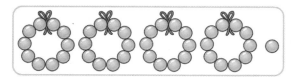

$41+8=\boxed{}$

 · 구슬의 수를 세어 보며 덧셈을 합니다.

● 그림을 보고 덧셈을 하세요.

5

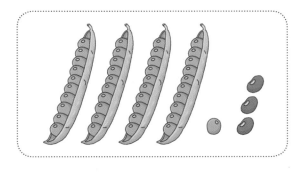

41+3= ☐

6

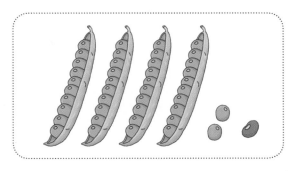

42+1= ☐

7

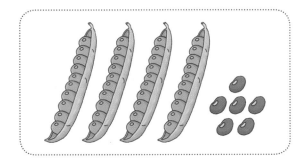

40+6= ☐

8

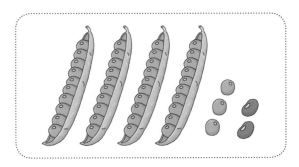

43+2= ☐

9

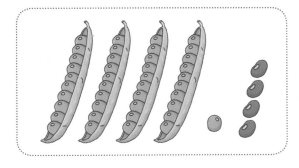

41+4= ☐

10

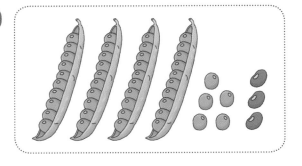

45+3= ☐

02 색칠하고 덧셈하기

🌵 색칠하고 42+3 계산하기

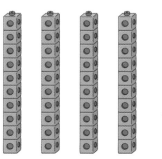 

$$42+3=45$$

● 빨간색 수만큼 연결 모형을 색칠하고 덧셈을 하세요.

1

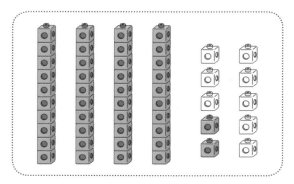

$$42+2=\boxed{}$$

2

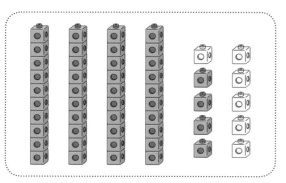

$$44+1=\boxed{}$$

3

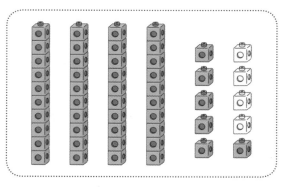

$$46+3=\boxed{}$$

4

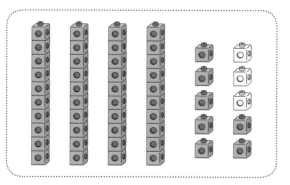

$$47+2=\boxed{}$$

● 빨간색 수만큼 구슬을 색칠하고 덧셈을 하세요.

5
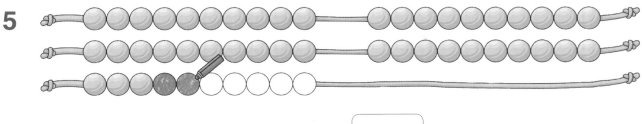

$$43+2=\boxed{}$$

6
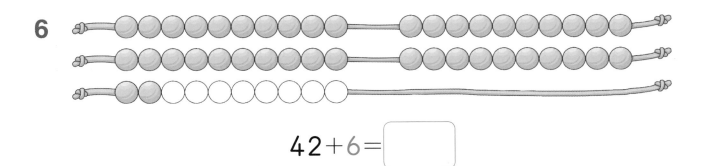

$$42+6=\boxed{}$$

7
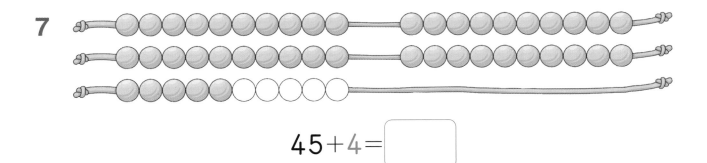

$$45+4=\boxed{}$$

8
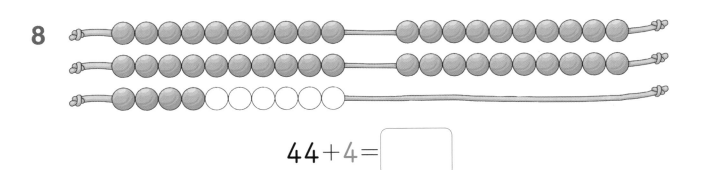

$$44+4=\boxed{}$$

03 수를 이어 세어 덧셈하기

🌵 수를 이어 세어 보고 42+3 계산하기

$42+3=45$

● 그림을 보고 덧셈을 하세요.

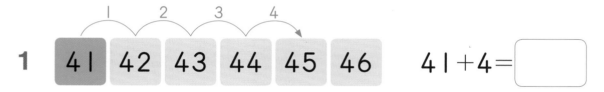

1 41 42 43 44 45 46 $41+4=$ ☐

2 40 41 42 43 44 45 $40+3=$ ☐

3 43 44 45 46 47 48 $43+3=$ ☐

4 44 45 46 47 48 49 $44+2=$ ☐

5 이어 세기를 표시하고 덧셈을 하세요.

$40+5=$ ◻

$42+2=$ ◻

$43+5=$ ◻

$44+4=$ ◻

04 비슷한 덧셈하기

🌵 2+3과 42+3 알아보기

$$2+3=5 \qquad 42+3=45$$

● 그림을 보고 알맞은 수를 써 보세요.

1

$$3+1=\boxed{} \qquad 43+1=\boxed{}$$

2

$$1+4=\boxed{} \qquad 41+4=\boxed{}$$

- ■+▲=● ➡ 4■+▲=4●
- 낱개는 낱개끼리 더하고 10개씩 묶음의 수 4는 그대로 씁니다.

● 덧셈을 하세요.

3 4+2= 6

44+2= 46

4 3+5=

43+5=

5 3+3=

43+3=

6 1+6=

41+6=

7 4+5=

44+5=

8 5+2=

45+2=

9 1+7=

41+7=

10 7+2=

47+2=

05 세로셈 알아보기

🌵 세로로 42+3 계산하기

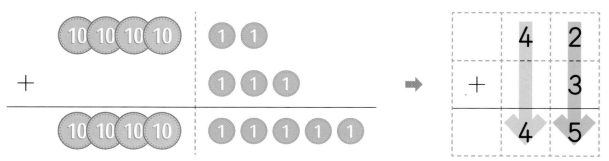

● 동전을 보고 덧셈을 하세요.

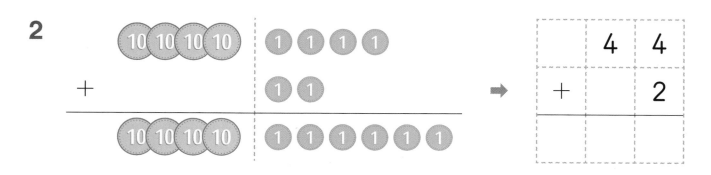

4 덧셈을 하세요.

계산 결과가 45인
당근만 뽑을 거예요.

```
  4 1
+   3
─────
```

```
  4 0
+   5
─────
```

```
  4 2
+   6
─────
```

```
  4 0
+   4
─────
```

```
  4 3
+   2
─────
```

```
  4 6
+   1
─────
```

```
  4 4
+   3
─────
```

```
  4 7
+   2
─────
```

```
  4 3
+   6
─────
```

토끼가 뽑은 당근은 모두 몇 개일까요?

06 식을 쓰고 덧셈하기 (1)

🌵 가로로 식을 쓰고 42+3 계산하기

$$42 + \text{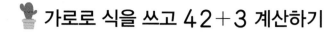} \Rightarrow \boxed{4 \quad 2 \quad + \quad 3 \quad = \quad 4 \quad 5}$$

● 펼친 손가락의 수만큼 더하는 식을 쓰고 덧셈을 하세요.

1 42 + 🖐️

4 2 + 1 = ☐ ☐

2 41 + ✌️

☐ ☐ + ☐ = ☐ ☐

3 43 + 🖐️

☐ ☐ + ☐ = ☐ ☐

4 42 + 🖐️

☐ ☐ + ☐ = ☐ ☐

5 45 + 🤟

☐ ☐ + ☐ = ☐ ☐

6 47 + 🖖

☐ ☐ + ☐ = ☐ ☐

 • 주어진 수에 펼친 손가락의 수만큼 더하는 덧셈식을 쓰고 덧셈을 합니다.

● 자루에 담긴 도토리와 자루 밖의 도토리를 더하면, 도토리는 모두 몇 개인지 식을 쓰고 덧셈을 하세요.

7

| 4 | 2 | + | 4 | = | | |

8

| | | + | | = | | |

9

| | | + | | = | | |

10

| | | + | | = | | |

11
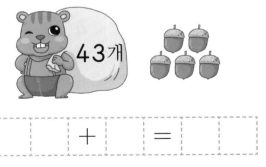

| | | + | | = | | |

12
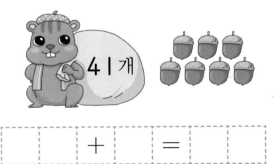

| | | + | | = | | |

07 식을 쓰고 덧셈하기 (2)

🌵 세로로 식을 쓰고 42+3 계산하기

42 + 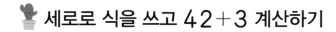 →

```
    4  2
 +     3
 ─────────
    4  5
```

● 주사위 눈의 수만큼 더하는 식을 쓰고 덧셈을 하세요.

1 41 +

```
    4  1
 +     3
 ─────────
```

2 40 +

```
    4  0
 +
 ─────────
```

3 45 +

```
    4  5
 +
 ─────────
```

4 41 +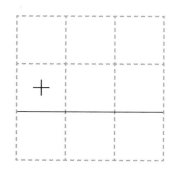

```
 +
 ─────────
```

5 48 +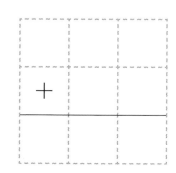

```
 +
 ─────────
```

6 43 +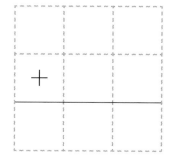

```
 +
 ─────────
```

● 도서관에 있는 종류별 책의 수를 보고 덧셈을 하세요.

7 소설책 + 과학책

```
      4   4
  +       5
─────────────
```

8 소설책 + 문제집

```
      4   4
  +
─────────────
```

9 위인전 + 문제집

```
      4   0
  +
─────────────
```

10 위인전 + 만화책

```
  +
─────────
```

11 시집 + 과학책

```
  +
─────────
```

12 시집 + 만화책

```
  +
─────────
```

08 무엇을 배웠나요? ❶

● 빈칸에 알맞은 수를 써넣으세요.

1
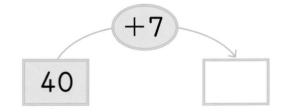

2
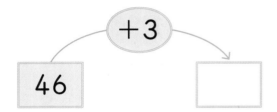

3
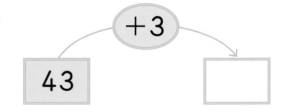

4
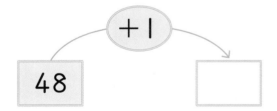

5
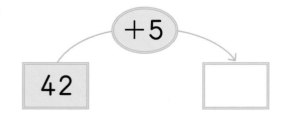

6
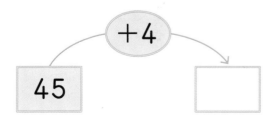

7

+5

42

8

+4

45

9
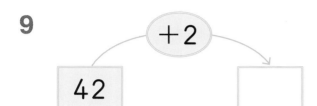

10
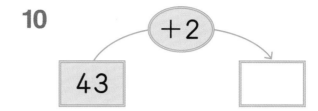

11
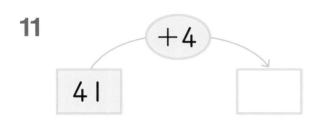

12
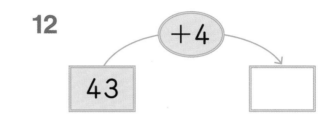

13
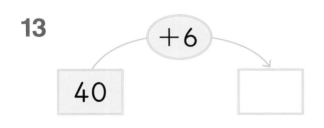

14
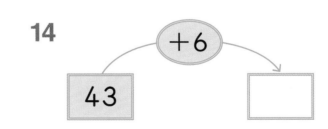

15
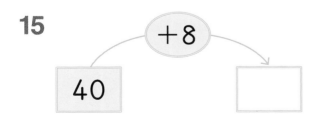

16
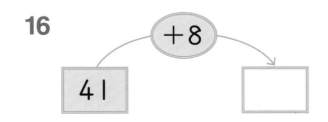

09 무엇을 배웠나요? ❷

● 덧셈을 하세요.

1
$$
\begin{array}{r}
44 \\
+\ 2 \\
\hline
\end{array}
$$

2
$$
\begin{array}{r}
40 \\
+\ 3 \\
\hline
\end{array}
$$

3
$$
\begin{array}{r}
46 \\
+\ 2 \\
\hline
\end{array}
$$

4
$$
\begin{array}{r}
45 \\
+\ 2 \\
\hline
\end{array}
$$

5
$$
\begin{array}{r}
43 \\
+\ 5 \\
\hline
\end{array}
$$

6
$$
\begin{array}{r}
41 \\
+\ 7 \\
\hline
\end{array}
$$

7
$$
\begin{array}{r}
43 \\
+\ 1 \\
\hline
\end{array}
$$

8
$$
\begin{array}{r}
40 \\
+\ 2 \\
\hline
\end{array}
$$

9
$$
\begin{array}{r}
45 \\
+\ 3 \\
\hline
\end{array}
$$

10
$$
\begin{array}{r}
42 \\
+\ 4 \\
\hline
\end{array}
$$

11
$$
\begin{array}{r}
41 \\
+\ 6 \\
\hline
\end{array}
$$

12
$$
\begin{array}{r}
42 \\
+\ 7 \\
\hline
\end{array}
$$

13 46+1=

14 47+1=

15 44+3=

16 41+3=

17 40+5=

18 44+5=

19 45+1=

20 42+6=

21 41+5=

22 44+4=

23 40+9=

24 47+2=

50까지의 수의 뺄셈

❖ 45－3 계산하기

• 그림을 보고 계산하기

$$45-3=42$$

• 세로로 계산하기

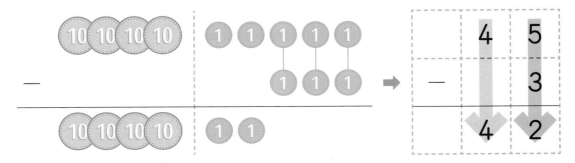

01 그림을 보고 뺄셈하기

🌵 그림을 보고 $45-3$ 계산하기

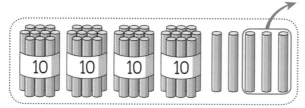

$45-3=42$

● 그림을 보고 뺄셈을 하세요.

1

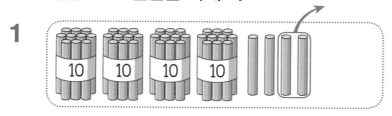

$44-2=$ ☐

2

$46-3=$ ☐

3

$47-6=$ ☐

4

$48-4=$ ☐

· 덜어 내고 남은 수수깡의 수를 뺄셈으로 구합니다.

● 자르고 남은 부분을 뺄셈으로 알아보세요.

5

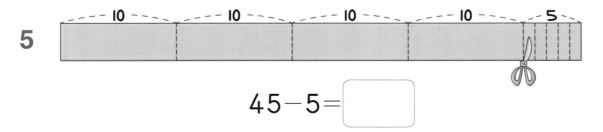

$45-5=$ ▢

6

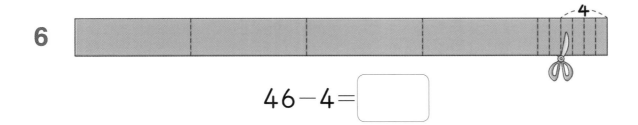

$46-4=$ ▢

7

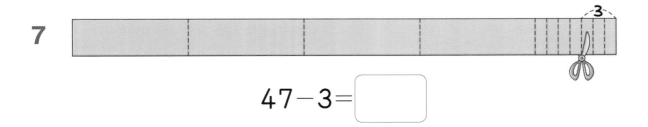

$47-3=$ ▢

8

$46-1=$ ▢

9

$49-5=$ ▢

02 지우고 뺄셈하기

🌵 구슬을 지우고 45−3 계산하기

$$45 - 3 = 42$$

● 빨간색 수만큼 구슬을 /으로 지우고 뺄셈을 하세요.

1

$$45 - 4 = \boxed{}$$

2

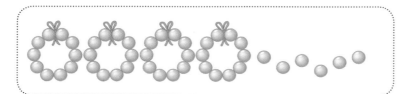

$$46 - 2 = \boxed{}$$

3

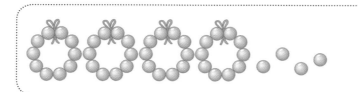

$$44 - 3 = \boxed{}$$

4

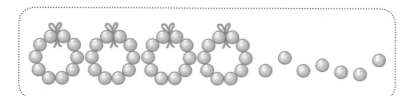

$$47 - 5 = \boxed{}$$

● 빨간색 수만큼 포도알을 / 으로 지우고 뺄셈을 하세요.

5

$43 - 2 =$ 　　

6

$44 - 1 =$ 　　

7

$45 - 5 =$ 　　

8

$46 - 3 =$ 　　

9

$44 - 4 =$

03 거꾸로 세어 뺄셈하기

🌵 수를 거꾸로 세어 보고 45−3 계산하기

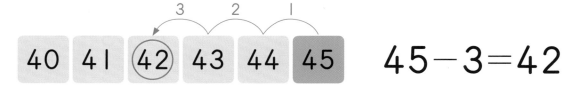

$$45-3=42$$

● 그림을 보고 뺄셈을 하세요.

1   42 43 44 45 46 47 $47-2=\boxed{}$

2   43 44 45 46 47 48 $48-3=\boxed{}$

3   44 45 46 47 48 49 $49-5=\boxed{}$

4   41 42 43 44 45 46 $46-4=\boxed{}$

5 거꾸로 세기를 표시하고 뺄셈을 하세요.

$49-3=$

$49-4=$

$48-4=$

$46-3=$

04 비슷한 뺄셈하기

🌵 5－3과 45－3 알아보기

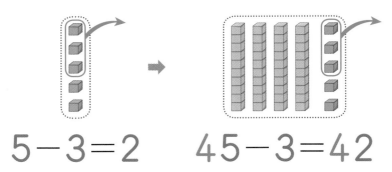

$$5-3=2 \qquad 45-3=42$$

● 그림을 보고 알맞은 수를 써 보세요.

1

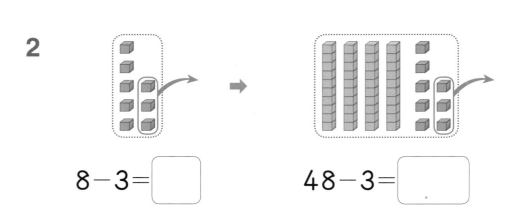

$4-1=\boxed{}$ $\qquad$ $44-1=\boxed{}$

2

$8-3=\boxed{}$ $\qquad$ $48-3=\boxed{}$

- ■－▲＝● ➡ 4■－▲＝4●
- 낱개는 낱개끼리 빼고 10개씩 묶음의 수 4는 그대로 씁니다.

● 뺄셈을 하세요.

3   5−4=\boxed{1}

45−4=\boxed{41}

4   6−2=\boxed{ }

46−2=\boxed{ }

5   7−4=\boxed{ }

47−4=\boxed{ }

6   8−5=\boxed{ }

48−5=\boxed{ }

7   3−3=\boxed{ }

43−3=\boxed{ }

8   9−3=\boxed{ }

49−3=\boxed{ }

9   7−6=\boxed{ }

47−6=\boxed{ }

10   9−8=\boxed{ }

49−8=\boxed{ }

05 세로셈 알아보기

🌵 세로로 45-3 계산하기

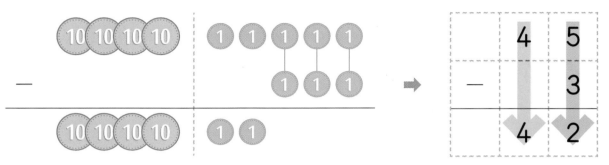

● 동전을 보고 뺄셈을 하세요.

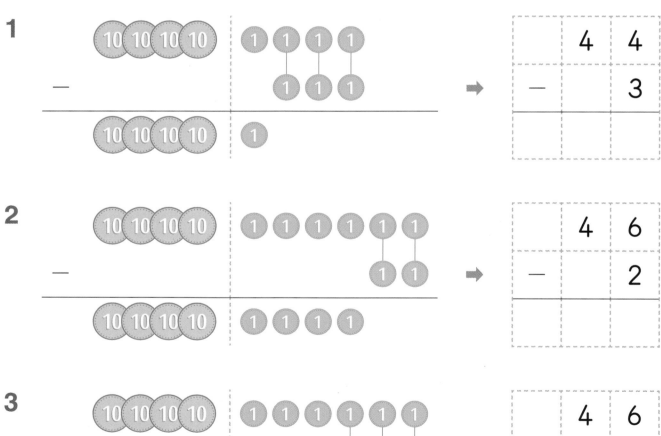

4 뺄셈을 하세요.

계산 결과가 42인 풍선은
모두 몇 개일까요?

🌵 가로로 식을 쓰고 45−3 계산하기

$$45 - \text{✋} \quad \Rightarrow \quad \boxed{4 \mid 5 \mid - \mid 3 \mid = \mid 4 \mid 2}$$

● 펼친 손가락의 수만큼 빼는 식을 쓰고 뺄셈을 하세요.

1 44 − ✋

$$4 \mid 4 \mid - \mid 2 \mid = \mid $$

2 46 − ✋

$$ \mid \mid - \mid \mid = \mid $$

3 48 − ✋

$$ \mid \mid - \mid \mid = \mid $$

4 49 − ✋

$$ \mid \mid - \mid \mid = \mid $$

5 47 − ✋

$$ \mid \mid - \mid \mid = \mid $$

6 49 − ✋

$$ \mid \mid - \mid \mid = \mid $$

● 먹고 남은 사탕의 수를 알아보는 식을 쓰고 뺄셈을 하세요.

7

☐ 4 3 ☐ − ☐ 2 ☐ = ☐ ☐

8

☐ ☐ − ☐ ☐ = ☐ ☐

9

☐ ☐ − ☐ ☐ = ☐ ☐

10

☐ ☐ − ☐ ☐ = ☐ ☐

11

☐ ☐ − ☐ ☐ = ☐ ☐

12

☐ ☐ − ☐ ☐ = ☐ ☐

07 식을 쓰고 뺄셈하기 (2)

🌵 세로로 식을 쓰고 45 − 3 계산하기

45 − 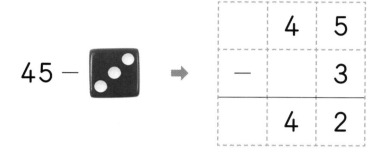 ➡️

	4	5
−		3
	4	2

● 주사위 눈의 수만큼 빼는 식을 쓰고 뺄셈을 하세요.

1 46 −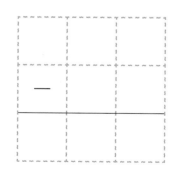

	4	6
−		1

2 47 −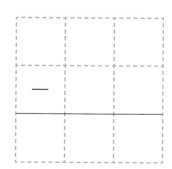

	4	7
−		

3 44 −

	4	4
−		

4 46 −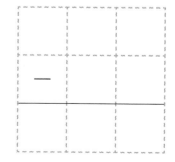

−		

5 49 −

−		

6 47 −

−		

● 모자에 적힌 수에서 들고 있는 수를 빼는 식을 쓰고 뺄셈을 하세요.

7

	4	1
−		1

8

−		

9

−		

10

−		

11

−		

12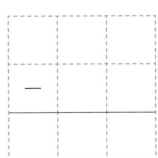

−		

● 빈칸에 알맞은 수를 써넣으세요.

1 43 → −2 → □

2 44 → −3 → □

3 45 → −3 → □

4 46 → −4 → □

5 47 → −5 → □

6 48 → −1 → □

7 49 → −7 → □

8 48 → −6 → □

9 44 → −2 → □

10 47 → −3 → □

11
45 → −2 → ☐

12
48 → −2 → ☐

13
48 → −4 → ☐

14
49 → −4 → ☐

15
46 → −6 → ☐

16
47 → −6 → ☐

17
48 → −8 → ☐

18
49 → −8 → ☐

19
46 → −3 → ☐

20
49 → −3 → ☐

● 뺄셈을 하세요.

1
```
  4 2
-   2
```
☐

2
```
  4 5
-   4
```
☐

3
```
  4 3
-   1
```
☐

4
```
  4 6
-   3
```
☐

5
```
  4 7
-   4
```
☐

6
```
  4 9
-   6
```
☐

7
```
  4 1
-   1
```
☐

8
```
  4 6
-   2
```
☐

9
```
  4 8
-   3
```
☐

10
```
  4 9
-   3
```
☐

11
```
  4 4
-   4
```
☐

12
```
  4 8
-   5
```
☐

13 45−1 = ⬚

14 49−1 = ⬚

15 47−3 = ⬚

16 43−3 = ⬚

17 49−2 = ⬚

18 47−7 = ⬚

19 44−2 = ⬚

20 45−5 = ⬚

21 46−5 = ⬚

22 47−2 = ⬚

23 48−7 = ⬚

24 49−5 = ⬚

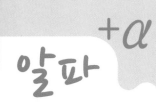 

☀️ 미로 찾기

🍀 강아지가 주어진 조건에 맞게 미로를 통과하려고 합니다. 밥그릇에 얻어진 결과를 써 보세요.

1

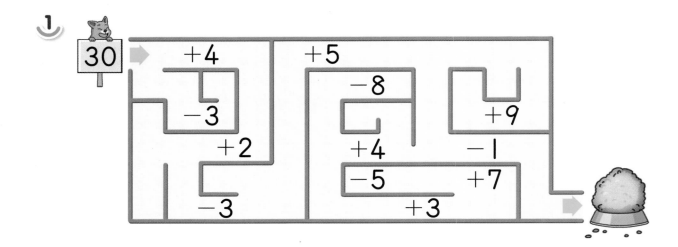

2

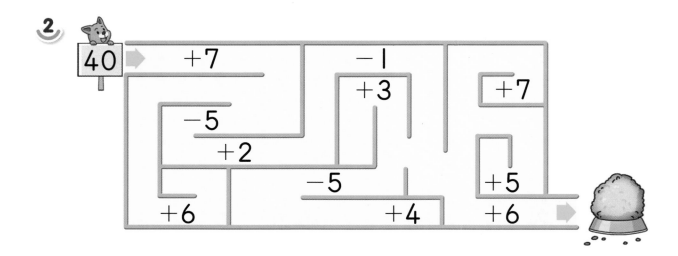

水 漁 之 交

물 ...... 물고기 ...... 갈 ...... 사귈 ......

수 어 지 교

물고기에게 물은 정말 소중한 존재이지요.
수어지교란 물고기와 물의 관계처럼,
아주 친밀하여 떨어질 수 없는 사이
또는 깊은 우정을 일컫는 말이랍니다.

해당 콘텐츠는 천재교육 '똑똑한 하루 독해'를 참고하여 제작되었습니다.
모든 공부의 기초가 되는 어휘력+독해력을 키우고 싶을 땐,
똑똑한 하루 독해&어휘를 풀어보세요!

뭘 좋아할지 몰라 다 준비했어♥
전과목 교재

전과목 시리즈 교재

●무등생 해법시리즈
– 국어/수학	1~6학년, 학기용
– 사회/과학	3~6학년, 학기용
– 봄·여름/가을·겨울	1~2학년, 학기용
– SET(전과목/국수, 국사과)	1~6학년, 학기용

●똑똑한 하루 시리즈
– 똑똑한 하루 독해	예비초~6학년, 총 14권
– 똑똑한 하루 글쓰기	예비초~6학년, 총 14권
– 똑똑한 하루 어휘	예비초~6학년, 총 14권
– 똑똑한 하루 한자	예비초~6학년, 총 14권
– 똑똑한 하루 수학	1~6학년, 학기용
– 똑똑한 하루 계산	예비초~6학년, 총 14권
– 똑똑한 하루 도형	예비초~6학년, 총 8권
– 똑똑한 하루 사고력	1~6학년, 학기용
– 똑똑한 하루 사회/과학	3~6학년, 학기용
– 똑똑한 하루 봄/여름/가을/겨울	1~2학년, 총 8권
– 똑똑한 하루 안전	1~2학년, 총 2권
– 똑똑한 하루 Voca	3~6학년, 학기용
– 똑똑한 하루 Reading	초3~초6, 학기용
– 똑똑한 하루 Grammar	초3~초6, 학기용
– 똑똑한 하루 Phonics	예비초~초등, 총 8권

●독해가 힘이다 시리즈
– 초등 문해력 독해가 힘이다 비문학편	3~6학년
– 초등 수학도 독해가 힘이다	1~6학년, 학기용
– 초등 문해력 독해가 힘이다 문장제수학편	1~6학년, 총 12권

영어 교재

●초등영어 교과서 시리즈
파닉스(1~4단계)	3~6학년, 학년용
영단어(1~4단계)	3~6학년, 학년용
●LOOK BOOK 영단어	3~6학년, 단행본
●원서 읽는 LOOK BOOK 영단어	3~6학년, 단행본

국가수준 시험 대비 교재

●해법 기초학력 진단평가 문제집	2~6학년·중1 신입생, 총 6권

똑똑한 **하루**

정답 **모음집** **C**
예비초

천재교육

정답 및 풀이
포인트 3가지

▶ 쉽게 찾을 수 있는 정답

▶ 알아보기 쉽게 정리된 정답

▶ 혼자서도 이해할 수 있는 친절한 문제 풀이

01 40까지의 수 알아보기

🔔 3Ⅰ부터 40까지의 수 쓰고 읽기

31	32	33	34	35
삼십일, 서른하나	삼십이, 서른둘	삼십삼, 서른셋	삼십사, 서른넷	삼십오, 서른다섯

36	37	38	39	40
삼십육, 서른여섯	삼십칠, 서른일곱	삼십팔, 서른여덟	삼십구, 서른아홉	사십, 마흔

● 수를 따라 써 보세요.

1 31 · 31 31 31 31 31

2 32 · 32 32 32 32 32

3 33 · 33 33 33 33 33

4 34 · 34 34 34 34 34

날짜 월 일 확인

● 수를 따라 써 보세요.

5 35 35 35

6 36 36 36

7 37 37 37

8 38 38 38

9 39 39 39

10 40 40 40

도움Tip
• 수를 소리 내 읽으면서 씁니다.
• 35를 삼십다섯, 서른오라고 읽지 않도록 합니다.

02 그림을 보고 세어 보기

🔔 세어 보기

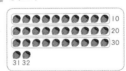 10 20 30 3Ⅰ 32 32

30하고 3Ⅰ, 32이므로 도토리는 모두 32개입니다.

날짜 월 일 확인

● 세어 보고 알맞은 수에 ○표 하세요.

1   (3Ⅰ, 32, ⃝33⃝)

2 (33, 34, ⃝35⃝)

3 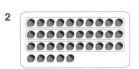 (35, 37, ⃝39⃝)

4 (35, ⃝37⃝, 39)

● 세어 보고 알맞은 수를 써 보세요.

5  34

6 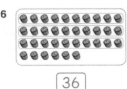 36

7  38

8  3Ⅰ

9  39

10  40

도움Tip
• 도토리를 한 개씩 세어 보거나 Ⅰ0개씩 세어서 Ⅰ0, 20, 30으로 센 후 나머지를 하나씩 세어 봅니다.

5~10번은 어떤 방법으로든 10개씩 묶었으면 정답으로 합니다.

12~13쪽

날짜 월 일 확인

03 묶어서 세어 보기

🏆 10개씩 묶어서 세어 보기

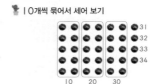 34

10개씩 묶어서 세면 한 개씩 셀 때보다 빨리 셀 수 있어요.

● 모두 몇 개인지 써 보세요.

1  37

2 35

3 35

4 39

● 10개씩 묶어 보고, 모두 몇 개인지 써 보세요.

5  31

6  33

7 36

8 39

9 38

10 40

14~15쪽

날짜 월 일 확인

04 수의 순서 (1)

🏆 40까지의 수의 순서

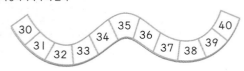
30 31 32 33 34 35 36 37 38 39 40

● 순서에 맞게 빈칸에 알맞은 수를 써 보세요.

1 31 32 33 34 35 36 37

2 30 31 32 33 34 35 36

3 29 30 31 32 33 34 35

4 33 34 35 36 37 38 39

● 순서에 맞게 빈칸에 알맞은 수를 써 보세요.

5	6	7	8
28	31	32	33
29	32	33	34
30	33	34	35
31	34	35	36
32	35	36	37
33	36	37	38
34	37	38	39
35	38	39	40

꿀팁 · 30부터 40까지 수를 소리 내 읽으면서 씁니다.

꿀팁 · 수를 순서대로 쓰면 1씩 커집니다.

05 수의 순서 (2)

🐾 수의 순서대로 따라가기

31부터 순서대로 따라가요.
31 — 32 — 33 — 34 — 35

● 순서에 맞게 따라가세요.

1
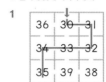

2
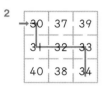

3
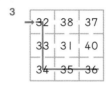

4

5 한 걸음씩 움직여서 30부터 40까지의 수를 순서대로 따라가면 아이스크림을 먹을 수 있어요.

· 30부터 수의 순서대로 선을 그어가며 수를 따라갑니다.

06 모두 몇 개인지 알아보기

🐾 과자를 모으면 모두 몇 개인지 알아보기

과자의 수는 35입니다.

32 33 34 35

35

● 과자는 모두 몇 개인지 수를 써 보세요.

1
33

2
34

3
36

4
37

● 도토리는 모두 몇 개인지 수를 써 보세요.

5

32

6
35

7
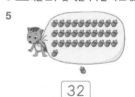
36

8
39

9

38

10
37

20 ~ 21쪽

07 덜어 내고 남은 것 알아보기

날짜 월 일 확인

덜어 내고 남은 연결 모형의 수를 세어 보기

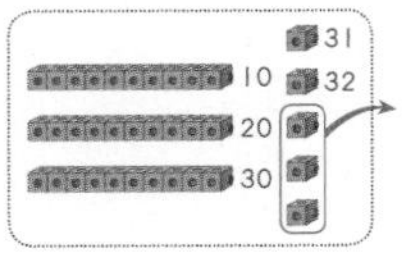

32

덜어 내고 남은 것을 세어 보면 32입니다.

● 덜어 내고 남은 것의 수를 써 보세요.

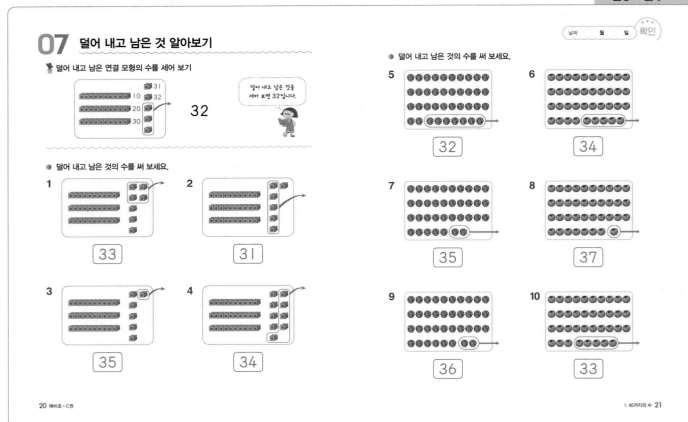

1 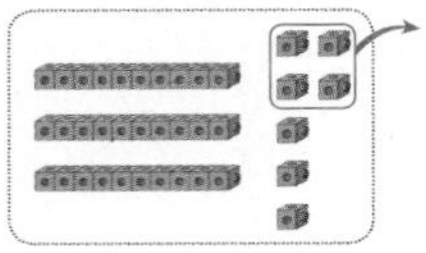

33

2 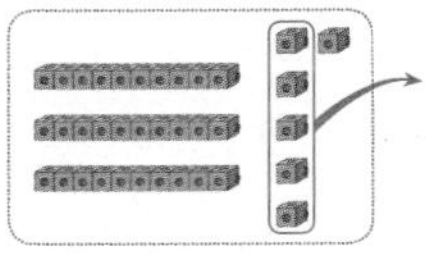

31

3 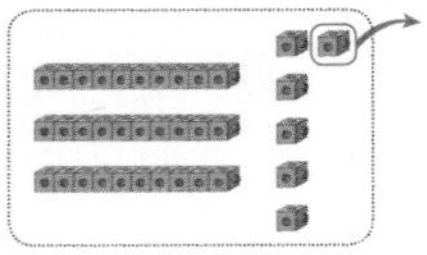

35

4 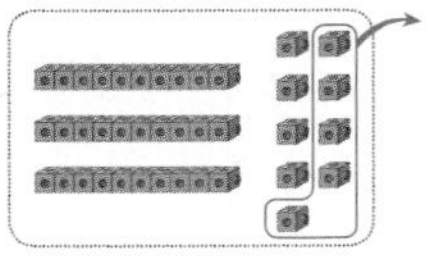

34

● 덜어 내고 남은 것의 수를 써 보세요.

5 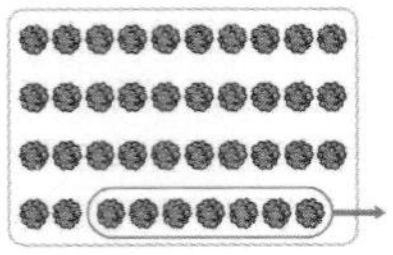

32

6 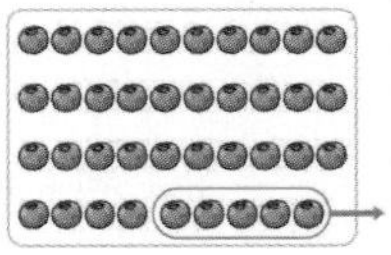

34

7 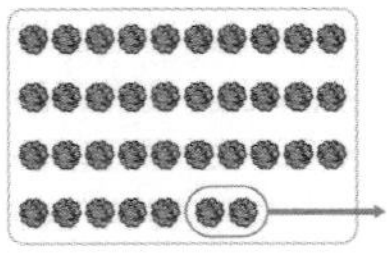

35

8 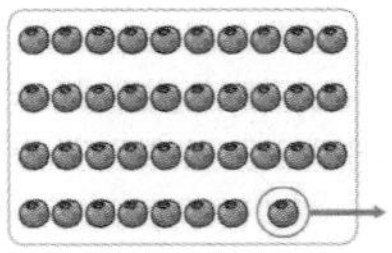

37

9 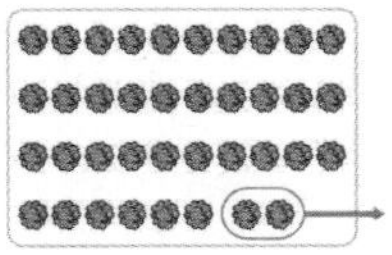

36

10 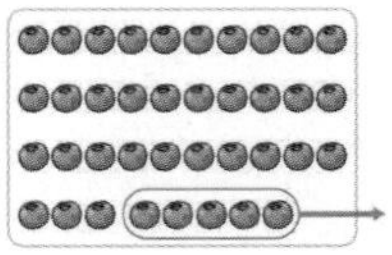

33

22 ~ 23쪽

08 무엇을 배웠나요?

날짜 월 일 확인

● 알맞은 수에 ○표 하세요.

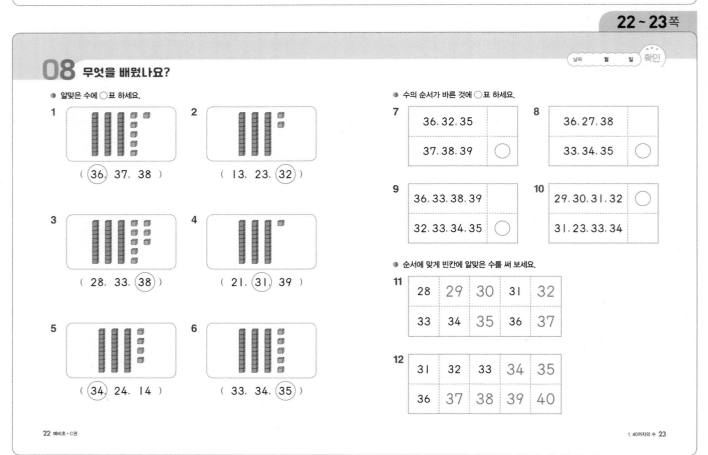

1 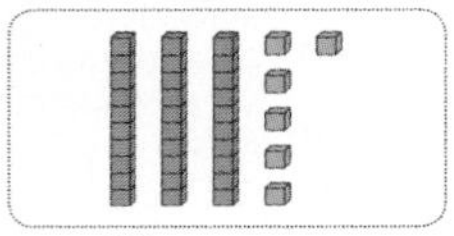

((36), 37, 38)

2 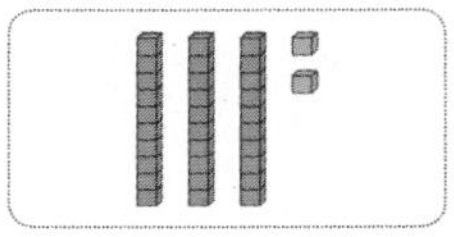

(13, 23, (32))

3 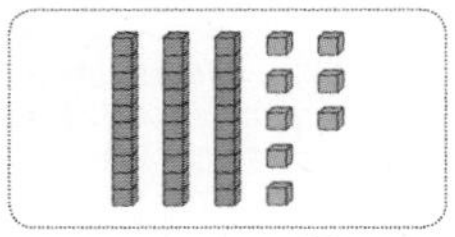

(28, 33, (38))

4 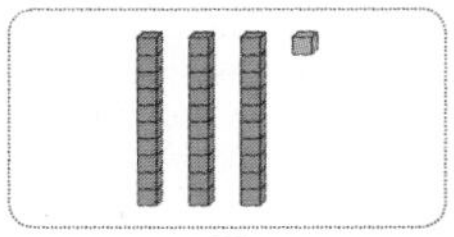

(21, (31), 39)

5 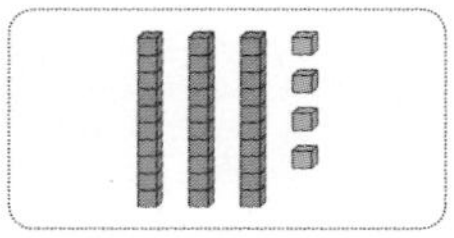

((34), 24, 14)

6 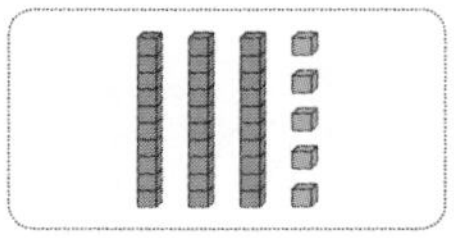

(33, 34, (35))

● 수의 순서가 바른 것에 ○표 하세요.

7

36, 32, 35	
37, 38, 39	○

8

36, 27, 38	
33, 34, 35	○

9

36, 33, 38, 39	
32, 33, 34, 35	○

10

29, 30, 31, 32	○
31, 23, 33, 34	

● 순서에 맞게 빈칸에 알맞은 수를 써 보세요.

11

28	29	30	31	32
33	34	35	36	37

12

31	32	33	34	35
36	37	38	39	40

01 그림을 보고 덧셈하기

날짜   월   일   확인

👑 인형의 수를 세어 보고 31+2 계산하기

$31+2=33$

● 그림을 보고 덧셈을 하세요.

1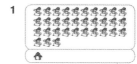

$33+1=\boxed{34}$

2

$34+3=\boxed{37}$

3

$30+9=\boxed{39}$

4

$32+5=\boxed{37}$

 · 식을 보고 바로 계산하기 힘든 경우는 그림을 보고 세어서 덧셈을 합니다.

26 예비초·C권

● 그림을 보고 덧셈을 하세요.

5
$31+5=\boxed{36}$

6
$32+6=\boxed{38}$

7
$33+4=\boxed{37}$

8
$34+5=\boxed{39}$

9
$35+2=\boxed{37}$

2. 40까지의 수의 덧셈 27

· 1~3번은 위치에 상관없이 초록색 수만큼 색칠했으면 정답으로 합니다.
· 4~7번은 위치에 상관없이 더 넣은 사탕 수만큼 색칠했으면 정답으로 합니다.

02 색칠하고 덧셈하기

날짜   월   일   확인

👑 색칠하고 31+2 계산하기

$31+2=33$

● 초록색 수만큼 연결 모형을 색칠하고 덧셈을 하세요.

1
$32+1=\boxed{33}$

2
$36+2=\boxed{38}$

3
$35+1=\boxed{36}$

28 예비초·C권

● 더 넣은 사탕 수만큼 색칠하고 덧셈을 하세요.

4
$31+7=\boxed{38}$

5
$30+8=\boxed{38}$

6
$34+2=\boxed{36}$

7
$35+4=\boxed{39}$

2. 40까지의 수의 덧셈 29

03 수를 이어 세어 덧셈하기

이어 세어 보고 31+2 계산하기

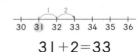

+2는 오른쪽으로 두 칸 가요.

$$31+2=33$$

● 덧셈을 하세요.

1  30+5= 35

2 31+4= 35

3 36+3= 39

4 37+3= 40

풀이 Tip · 수직선에서 오른쪽으로 한 칸씩 갈 때마다 1씩 커집니다.

● 이어 세기를 표시하고 덧셈을 하세요.

5  35 36 37 38 39 40 38+1= 39

6 35 36 37 38 39 40 35+5= 40

7 33 34 35 36 37 38 34+4= 38

8 31 32 33 34 35 36 32+4= 36

9 31 32 33 34 35 36 37 38 39 40

$$32+7= 39$$

32~33쪽

04 비슷한 덧셈하기

1+2와 31+2 알아보기

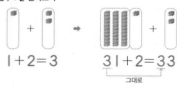

$$1+2=3$$ $$31+2=33$$
그대로

● 그림을 보고 알맞은 수를 써 보세요.

1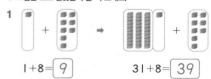

1+8= 9   31+8= 39

2

3+2= 5   33+2= 35

풀이 Tip · 낱개는 낱개끼리 더하고 10개씩 묶음은 그대로 씁니다.

● 덧셈을 하세요.

3
1+3= 4
31+3= 34

4
1+1= 2
31+1= 32

5
2+4= 6
32+4= 36

6
4+4= 8
34+4= 38

7
7+2= 9
37+2= 39

8
6+2= 8
36+2= 38

05 세로셈 알아보기

날짜   월   일   확인

🌶 세로로 31+2 계산하기

● 동전을 보고 덧셈을 하세요.

1

```
    3 2
 +    6
    3 8
```

2

```
    3 3
 +    4
    3 7
```

· 세로셈을 할 때에는 자리를 잘 맞춰 씁니다.

34 예비초 · C권

● 덧셈을 하세요.

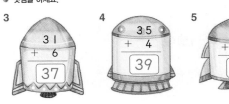

3
```
  3 1
+   6
 3 7
```

4
```
  3 5
+   4
 3 9
```

5
```
  3 5
+   2
 3 7
```

6
```
  3 3
+   5
 3 8
```

7
```
  3 4
+   4
 3 8
```

8
```
  3 3
+   1
 3 4
```

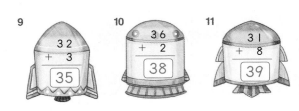

9
```
  3 2
+   3
 3 5
```

10
```
  3 6
+   2
 3 8
```

11
```
  3 1
+   8
 3 9
```

2. 40까지의 수의 덧셈 35

06 식을 쓰고 덧셈하기 (1)

날짜   월   일   확인

🌶 가로로 식을 쓰고 31+2 계산하기

$31 + 2 = 33$

● 그림을 보고 식을 쓰고 덧셈을 하세요.

1

$34 + 1 = 35$

2

$31 + 8 = 39$

3

$30 + 6 = 36$

4

$32 + 7 = 39$

● 그림을 보고 식을 쓰고 덧셈을 하세요.

5

$31 + 3 = 34$

6

$32 + 5 = 37$

7

$36 + 2 = 38$

8

$34 + 2 = 36$

9

$33 + 6 = 39$

2. 40까지의 수의 덧셈 37

07 식을 쓰고 덧셈하기 (2)

날짜   월   일   확인

● 세로로 식을 쓰고 3I＋2 계산하기

	3	I
＋		2
	3	3

3I＋2＝33

구슬이 모두 몇 개인지 더하면 알 수 있어요.

● 구슬은 모두 몇 개인지 식을 쓰고 계산을 하세요.

1

	3	2
＋		3
	3	5

2

	3	3
＋		6
	3	9

3

	3	5
＋		3
	3	8

4

	3	7
＋		I
	3	8

● 수 카드에 적힌 두 수의 덧셈을 하세요.

5

	3	3
＋		I
	3	4

6

	3	2
＋		4
	3	6

7

	3	I
＋		I
	3	2

8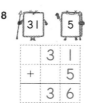

	3	I
＋		5
	3	6

9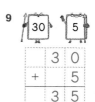

	3	0
＋		5
	3	5

10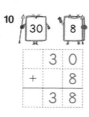

	3	0
＋		8
	3	8

08 무엇을 배웠나요? ❶

날짜   월   일   확인

● 빈칸에 알맞은 수를 써넣으세요.

1 30 →+I→ 31

2 34 →+3→ 37

9 34 →+2→ 36

10 35 →+2→ 37

3 36 →+2→ 38

4 38 →+I→ 39

11 30 →+4→ 34

12 33 →+4→ 37

5 30 →+5→ 35

6 32 →+7→ 39

13 32 →+6→ 38

14 33 →+6→ 39

7 35 →+3→ 38

8 31 →+7→ 38

15 30 →+8→ 38

16 31 →+8→ 39

09 무엇을 배웠나요? ❷

● 덧셈을 하세요.

1
  $\begin{array}{r} 3\ 1 \\ +\ \ 4 \\ \hline \boxed{35} \end{array}$

2
  $\begin{array}{r} 3\ 2 \\ +\ \ 5 \\ \hline \boxed{37} \end{array}$

3
  $\begin{array}{r} 3\ 4 \\ +\ \ 1 \\ \hline \boxed{35} \end{array}$

4
  $\begin{array}{r} 3\ 3 \\ +\ \ 3 \\ \hline \boxed{36} \end{array}$

5
  $\begin{array}{r} 3\ 1 \\ +\ \ 6 \\ \hline \boxed{37} \end{array}$

6
  $\begin{array}{r} 3\ 0 \\ +\ \ 6 \\ \hline \boxed{36} \end{array}$

7
  $\begin{array}{r} 3\ 1 \\ +\ \ 1 \\ \hline \boxed{32} \end{array}$

8
  $\begin{array}{r} 3\ 6 \\ +\ \ 1 \\ \hline \boxed{37} \end{array}$

9
  $\begin{array}{r} 3\ 1 \\ +\ \ 3 \\ \hline \boxed{34} \end{array}$

10
  $\begin{array}{r} 3\ 2 \\ +\ \ 3 \\ \hline \boxed{35} \end{array}$

11
  $\begin{array}{r} 3\ 1 \\ +\ \ 5 \\ \hline \boxed{36} \end{array}$

12
  $\begin{array}{r} 3\ 5 \\ +\ \ 2 \\ \hline \boxed{37} \end{array}$

13 30+7= $\boxed{37}$

14 32+4= $\boxed{36}$

15 33+1= $\boxed{34}$

16 30+2= $\boxed{32}$

17 36+3= $\boxed{39}$

18 32+4= $\boxed{36}$

19 35+1= $\boxed{36}$

20 32+2= $\boxed{34}$

21 33+2= $\boxed{35}$

22 37+1= $\boxed{38}$

23 31+2= $\boxed{33}$

24 34+5= $\boxed{39}$

01 그림을 보고 뺄셈하기

날짜   월   일   확인

🐾 그림을 보고 33−2 계산하기

$33-2=31$

● 그림을 보고 뺄셈을 하세요.

1

$33-3=\boxed{30}$

2

$38-1=\boxed{37}$

3

$35-1=\boxed{34}$

4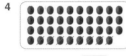

$39-8=\boxed{31}$

● 그림을 보고 뺄셈을 하세요.

5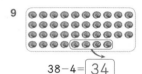

$38-3=\boxed{35}$

6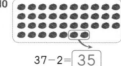

$37-5=\boxed{32}$

7

$36-4=\boxed{32}$

8

$34-2=\boxed{32}$

9

$38-4=\boxed{34}$

10

$37-2=\boxed{35}$

꿀팁 Tip · 지우고 남은 것의 수를 세어 뺄셈을 합니다.

· 1~10번은 위치에 상관없이 수에 맞게 지웠으면 정답으로 합니다.

02 지우고 뺄셈하기

날짜   월   일   확인

🐾 지우고 33−2 계산하기

 빼기 2이면 /으로 2개를 지워요.

$33-2=31$

● 파란색 수만큼 /으로 지우고 뺄셈을 하세요.

1

$35-2=\boxed{33}$

2

$36-3=\boxed{33}$

3

$34-3=\boxed{31}$

4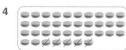

$37-5=\boxed{32}$

● 파란색 수만큼 ×표 하고 뺄셈을 하세요.

5

$34-1=\boxed{33}$

6

$37-2=\boxed{35}$

7

$36-3=\boxed{33}$

8

$33-1=\boxed{32}$

9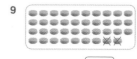

$39-2=\boxed{37}$

10

$39-3=\boxed{36}$

꿀팁 Tip · 색칠된 수만큼 직접 지우고 남은 것의 수를 알아봅니다.

03 거꾸로 세어 뺄셈하기

💡 거꾸로 세어 33-2 계산하기

-2는 왼쪽으로
두 칸 움직여요.

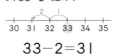

$$33-2=31$$

● 거꾸로 세어 뺄셈을 하세요.

1
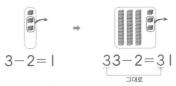
38-4=34

2
39-3=36

3
37-5=32

4
35-5=30

● 거꾸로 세기를 표시하고 뺄셈을 하세요.

5 | 32 | 33 | 34 | 35 | 36 | 37 | 37-4=33

6 | 33 | 34 | 35 | 36 | 37 | 38 | 38-3=35

7 | 31 | 32 | 33 | 34 | 35 | 36 | 36-4=32

8 | 30 | 31 | 32 | 33 | 34 | 35 | 36 | 37 | 38 |

38-7=31

9 | 30 | 31 | 32 | 33 | 34 | 35 | 36 | 37 | 38 |

37-7=30

• 왼쪽으로 한 칸 가면 빼기 1임을 알고 빼는 수만큼 왼쪽으로 움직이는 것을 표시하고 결과를 알아봅니다.

04 비슷한 뺄셈하기

💡 3-2와 33-2 알아보기

$$3-2=1$$ $$33-2=31$$

그대로

● 그림을 보고 알맞은 수를 써 보세요.

1

4-2=2 34-2=32

2

6-5=1 36-5=31

● 사다리 타기를 해서 뺄셈을 하세요.

3
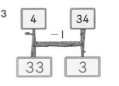
| 4 | | 34 |
-1
| 33 | | 3 |

4
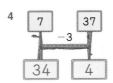
| 7 | | 37 |
-3
| 34 | | 4 |

5
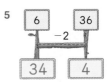
| 6 | | 36 |
-2
| 34 | | 4 |

6
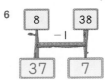
| 8 | | 38 |
-1
| 37 | | 7 |

7
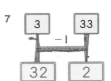
| 3 | | 33 |
-1
| 32 | | 2 |

8
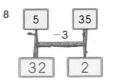
| 5 | | 35 |
-3
| 32 | | 2 |

• (몇)-(몇)의 계산을 먼저 한 후 (삼십몇)-(몇)을 계산하도록 합니다.

• 아래로 내려오다가 옆으로 가는 선을 만나면 옆으로 이동하면서 길을 따라갑니다.

05 세로셈 알아보기

날짜   월   일   확인

세로로 33−2 계산하기

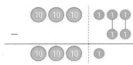

	3	3
−		2
	3	1

● 동전을 보고 뺄셈을 하세요.

1

	3	4
−		3
	3	1

2

	3	5
−		3
	3	2

3

	3	6
−		2
	3	4

● 뺄셈을 하세요.

4
```
    3 7
  −   1
   [36]
```

5
```
    3 8
  −   2
   [36]
```

6
```
    3 4
  −   2
   [32]
```

7
```
    3 6
  −   1
   [35]
```

8
```
    3 5
  −   2
   [33]
```

9
```
    3 7
  −   5
   [32]
```

10
```
    3 9
  −   4
   [35]
```

11
```
    3 9
  −   6
   [33]
```

12
```
    3 9
  −   3
   [36]
```

06 식을 쓰고 뺄셈하기 (1)

날짜   월   일   확인

가로로 식을 쓰고 33−2 계산하기

$3 3 - 2 = 3 1$

● 식을 쓰고 계산을 하세요.

1

$3 5 - 1 = 3 4$

2

$3 5 - 4 = 3 1$

3
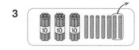
$3 7 - 2 = 3 5$

4
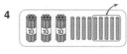
$3 9 - 5 = 3 4$

● 보라색 부분은 얼마인지 식을 쓰고 계산을 하세요.

5

36	
	5

$3 6 - 5 = 3 1$

6

37	
	3

$3 7 - 3 = 3 4$

7

38	
	7

$3 8 - 7 = 3 1$

8

38	
	8

$3 8 - 8 = 3 0$

9

39	
	7

$3 9 - 7 = 3 2$

· 그림을 보고 삼십몇에서 몇을 빼는지 먼저 알아보고 식을 쓰고 답을 구합니다.

07 식을 쓰고 뺄셈하기 (2)

🏆 세로로 식을 쓰고 33-2 계산하기

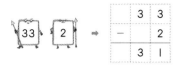

```
  3 3
-   2
  3 1
```

● 수 카드에 적힌 두 수의 뺄셈을 하세요.

1
```
  3 6
-   1
  3 5
```

2
```
  3 7
-   1
  3 6
```

3
```
  3 8
-   3
  3 5
```

4
```
  3 8
-   5
  3 3
```

● 그림을 보고 세로로 식을 쓰고 뺄셈을 하세요.

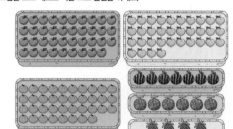

5
```
  3 9
-   7
  3 2
```

6
```
  3 8
-   4
  3 4
```

7
```
  3 9
-   6
  3 3
```

8
```
  3 4
-   4
  3 0
```

9
```
  3 8
-   7
  3 1
```

10
```
  3 8
-   6
  3 2
```

08 무엇을 배웠나요? ❶

● 뺄셈을 바르게 한 것에 ◯표 하세요.

1 37-7=30 ◯ / 37-7=31

2 37-1=30 / 37-1=36 ◯

3 38-1=31 / 38-1=37 ◯

4 39-4=35 ◯ / 39-4=34

● 뺄셈을 하세요.

5 39 -2 → 37

6 38 -2 → 36

7 38 -6 → 32

8 35 -5 → 30

● 뺄셈을 바르게 한 것에 ◯표 하세요.

9 33-2=35 / 33-2=31 ◯

10 35-2=33 ◯ / 35-2=32

11 36-4=32 ◯ / 36-4=34

12 38-4=36 / 38-4=34 ◯

● 뺄셈을 하세요.

13 36 -6 → 30

14 37 -6 → 31

15 39 -8 → 31

16 39 -9 → 30

09 무엇을 배웠나요? ❷

날짜 월 일 확인

● 뺄셈을 하세요.

1 $9-1=\boxed{8}$
   $39-1=\boxed{38}$

2 $9-6=\boxed{3}$
   $39-6=\boxed{33}$

9 $36-1=\boxed{35}$

10 $34-2=\boxed{32}$

11 $39-3=\boxed{36}$

12 $34-3=\boxed{31}$

3 $6-2=\boxed{4}$
   $36-2=\boxed{34}$

4 $5-4=\boxed{1}$
   $35-4=\boxed{31}$

13 $36-5=\boxed{31}$

14 $38-5=\boxed{33}$

5 $5-1=\boxed{4}$
   $35-1=\boxed{34}$

6 $8-3=\boxed{5}$
   $38-3=\boxed{35}$

15 $39-7=\boxed{32}$

16 $38-8=\boxed{30}$

17 $37-4=\boxed{33}$

18 $33-3=\boxed{30}$

7 $7-5=\boxed{2}$
   $37-5=\boxed{32}$

8 $8-7=\boxed{1}$
   $38-7=\boxed{31}$

19 $32-1=\boxed{31}$

20 $39-5=\boxed{34}$

01 50까지의 수 알아보기

🌱 41부터 50까지의 수 쓰고 읽기

41 사십일, 마흔하나 **42** 사십이, 마흔둘 **43** 사십삼, 마흔셋 **44** 사십사, 마흔넷 **45** 사십오, 마흔다섯

46 사십육, 마흔여섯 **47** 사십칠, 마흔일곱 **48** 사십팔, 마흔여덟 **49** 사십구, 마흔아홉 **50** 오십, 쉰

● 수를 따라 써 보세요.

1 | 41 | 41 | 41 | 41 |

2 | 42 | 42 | 42 | 42 |

3 | 43 | 43 | 43 | 43 |

4 | 44 | 44 | 44 | 44 |

● 수를 따라 써 보세요.

5 | 45 | 45 | 45 |

6 | 46 | 46 | 46 |

7 | 47 | 47 | 47 |

8 | 48 | 48 | 48 |

9 | 49 | 49 | 49 |

10 | 50 | 50 | 50 |

* 수를 읽으면서 따라 씁니다.
* 41은 사십일, 마흔하나와 같이 두 가지 방법으로 읽을 수 있고, 사십하나와 같이 읽지 않도록 합니다.

66 예비초 · C권

4. 50까지의 수 67

02 50까지의 수 세어 보기

🌱 연결 모형의 수 세어 보기

10
20
30
40 41 42 43   ➡ **43**

● 연결 모형의 수를 세어 보고 알맞은 수에 ○표 하세요.

1 (43, 44, ㊺)

2 (41, ㊷, 43)

3 (㊼, 48, 49)

4 미술용품의 수를 세어 보고 알맞은 수를 써 보세요.

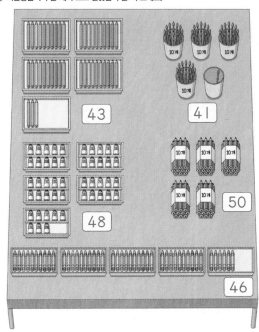

43

41

48

50

46

68 예비초 · C권

4. 50까지의 수 69

03 수의 순서 (1)

🌱 41부터 50까지의 수의 순서

41	42	43	44	45	46	47	48	49	50

● 순서에 맞게 빈칸에 알맞은 수를 써 보세요.

1   41 42 43 44 45 46 47

2   42 43 44 45 46 47 48

3   43 44 45 46 47 48 49

4   44 45 46 47 48 49 50

날짜   월   일   확인

● 수의 순서대로 길을 따라가 보세요.

5 출발 41 42 43 40 45 46 도착 / 44

6 출발 42 43 44 50 45 46 47 도착 / 41

7 출발 44 45 46 47 48 49 도착 / 40 42

8 출발 45 49 43 47 48 50 도착 / 46 49

꿀팁 Tip · 41부터 50까지의 수의 순서를 익히는 차시입니다. ▤ 바로 다음의 수는 ▤보다 ▤만큼 더 큰 수이고 ▤ 바로 앞의 수는 ▤보다 ▤만큼 더 작은 수입니다.

70 예비초·C권

4. 50까지의 수 71

04 수의 순서 (2)

🌱 1부터 50까지의 수의 순서

1	2	3	4	5	6	7	8	9	10
11	12	13	14	15	16	17	18	19	20
21	22	23	24	25	26	27	28	29	30
31	32	33	34	35	36	37	38	39	40
41	42	43	44	45	46	47	48	49	50

● 빈칸에 알맞은 수를 써 보세요.

1

1	2	3	4	5	6	7	8	9	10
11	12	13	14	15	16	17	18	19	20
21	22	23	24	25	26	27	28	29	30

2

21	22	23	24	25	26	27	28	29	30
31	32	33	34	35	36	37	38	39	40
41	42	43	44	45	46	47	48	49	50

날짜   월   일   확인

3 1부터 수의 순서대로 점을 선으로 이어 보세요.

꿀팁 Tip · 1부터 시작하여 50까지 점을 선으로 이어 얼룩말을 완성합니다.

72 예비초·C권

4. 50까지의 수 73

05 모두 몇 개인지 알아보기

🏺 연결 모형을 모으면 모두 몇 개인지 알아보기

➡ 45

41 42 43 44 45

● 연결 모형은 모두 몇 개인지 수를 써 보세요.

1 ➡ 46

2 ➡ 44

3 ➡ 45

4 ➡ 47

날짜 월 일 확인

● 구슬은 모두 몇 개인지 수를 써 보세요.

5  42

6 46

7 46

8 47

9 48

10 49

06 덜어 내고 남은 것 알아보기

🏺 덜어 내고 남은 연결 모형의 수 세어 보기

➡ 43

● 덜어 내고 남은 연결 모형의 수를 써 보세요.

1 ➡ 43

2 ➡ 45

3 ➡ 44

4 ➡ 47

날짜 월 일 확인

● 덜어 내고 남은 수수깡의 수를 써 보세요.

5  ➡ 42

6 ➡ 41

7 ➡ 43

8 ➡ 40

9 ➡ 45

07 무엇을 배웠나요?

날짜   월   일   확인

● 세어 보고 수를 써 보세요.

1
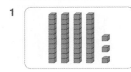
43

2
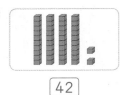
42

3
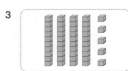
45

4
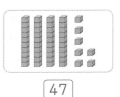
47

5

41

6
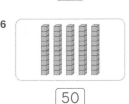
50

● 색연필의 수를 써 보세요.

7
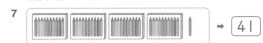 ➡ 41

8
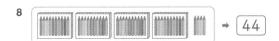 ➡ 44

9
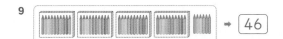 ➡ 46

● 순서에 맞게 빈칸에 알맞은 수를 써 보세요.

10 40 - 41 - 42 - 43 - 44 - 45 - 46 - 47

11 42 - 43 - 44 - 45 - 46 - 47 - 48 - 49

12 43 - 44 - 45 - 46 - 47 - 48 - 49 - 50

01 그림을 보고 덧셈하기

날짜　월　일　확인

🌵 구슬의 수를 세어 보고 42+3 계산하기

42+3=45

● 그림을 보고 덧셈을 하세요.

1 　42+4= 46

2 45+2= 47

3 43+3= 46

4 41+8= 49

 ・구슬의 수를 세어 보며 덧셈을 합니다.

82 예비초・C권

● 그림을 보고 덧셈을 하세요.

5 　41+3= 44

6 　42+1= 43

7 　40+6= 46

8 　43+2= 45

9 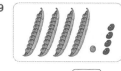　41+4= 45

10 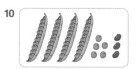　45+3= 48

5. 50까지의 수의 덧셈 83

・1~4번은 위치에 상관없이 빨간색 수만큼 연결 모형을 색칠했으면 정답으로 합니다.
・5~8번은 위치에 상관없이 빨간색 수만큼 구슬을 색칠했으면 정답으로 합니다.

02 색칠하고 덧셈하기

날짜　월　일　확인

🌵 색칠하고 42+3 계산하기

42+3=45

● 빨간색 수만큼 연결 모형을 색칠하고 덧셈을 하세요.

1 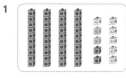　42+2= 44

2 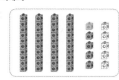　44+1= 45

3 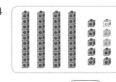　46+3= 49

4 47+2= 49

84 예비초・C권

● 빨간색 수만큼 구슬을 색칠하고 덧셈을 하세요.

5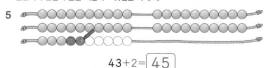

43+2= 45

6 42+6= 48

7 45+4= 49

8 44+4= 48

5. 50까지의 수의 덧셈 85

03 수를 이어 세어 덧셈하기

🐣 수를 이어 세어 보고 42+3 계산하기

$42+3=45$

● 그림을 보고 덧셈을 하세요.

1 41 42 43 44 45 46 $41+4=\boxed{45}$

2 40 41 42 43 44 45 $40+3=\boxed{43}$

3 43 44 45 46 47 48 $43+3=\boxed{46}$

4 44 45 46 47 48 49 $44+2=\boxed{46}$

5 이어 세기를 표시하고 덧셈을 하세요.

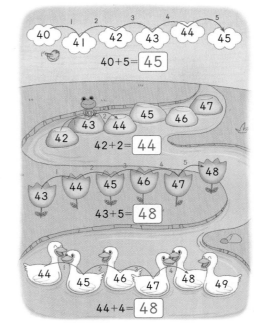

$40+5=\boxed{45}$

$42+2=\boxed{44}$

$43+5=\boxed{48}$

$44+4=\boxed{48}$

88~89쪽

04 비슷한 덧셈하기

🐣 2+3과 42+3 알아보기

$2+3=5$ $42+3=45$

● 그림을 보고 알맞은 수를 써 보세요.

1

$3+1=\boxed{4}$ $43+1=\boxed{44}$

2

$1+4=\boxed{5}$ $41+4=\boxed{45}$

● 덧셈을 하세요.

3 $4+2=\boxed{6}$ **4** $3+5=\boxed{8}$
$44+2=\boxed{46}$ $43+5=\boxed{48}$

5 $3+3=\boxed{6}$ **6** $1+6=\boxed{7}$
$43+3=\boxed{46}$ $41+6=\boxed{47}$

7 $4+5=\boxed{9}$ **8** $5+2=\boxed{7}$
$44+5=\boxed{49}$ $45+2=\boxed{47}$

9 $1+7=\boxed{8}$ **10** $7+2=\boxed{9}$
$41+7=\boxed{48}$ $47+2=\boxed{49}$

05 세로셈 알아보기

날짜   월   일 확인

세로로 42+3 계산하기

동전을 보고 덧셈을 하세요.

1

2

3

4 덧셈을 하세요.

계산 결과가 45인
당근만 뽑을 거예요.

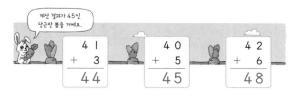

	4 1		4 0		4 2
+	3	+	5	+	6
	4 4		4 5		4 8

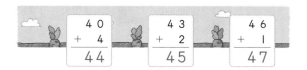

	4 0		4 3		4 6
+	4	+	2	+	1
	4 4		4 5		4 7

	4 4		4 7		4 3
+	3	+	2	+	6
	4 7		4 9		4 9

토끼가 뽑은 당근은 모두 몇 개일까요?
2개

06 식을 쓰고 덧셈하기 (1)

날짜   월   일 확인

가로로 식을 쓰고 42+3 계산하기

42 + ✊³ ➡ 4 2 + 3 = 4 5

펼친 손가락의 수만큼 더하는 식을 쓰고 덧셈을 하세요.

1 42 + ☝
4 2 + 1 = 4 3

2 41 + ✌
4 1 + 2 = 4 3

3 43 + 🖐
4 3 + 4 = 4 7

4 42 + 🖐
4 2 + 5 = 4 7

5 45 + 🤟
4 5 + 3 = 4 8

6 47 + ✌
4 7 + 2 = 4 9

 ・주어진 수에 펼친 손가락의 수만큼 더하는 덧셈식을 쓰고 덧셈을 합니다.

자루에 담긴 도토리와 자루 밖의 도토리를 더하면, 도토리는 모두 몇 개인지 식을 쓰고 덧셈을 하세요.

7

4 2 + 4 = 4 6

8

4 6 + 2 = 4 8

9
4 4 + 3 = 4 7

10

4 0 + 6 = 4 6

11

4 3 + 5 = 4 8

12

4 1 + 7 = 4 8

07 식을 쓰고 덧셈하기 (2)

🏆 세로로 식을 쓰고 42+3 계산하기

42 +  ➡

	4	2
+		3
	4	5

● 주사위 눈의 수만큼 더하는 식을 쓰고 덧셈을 하세요.

1 41 +

	4	1
+		3
	4	4

2 40 +

	4	0
+		2
	4	2

3 45 +

	4	5
+		4
	4	9

4 41 +

	4	1
+		5
	4	6

5 48 +

	4	8
+		1
	4	9

6 43 +

	4	3
+		6
	4	9

● 도서관에 있는 종류별 책의 수를 보고 덧셈을 하세요.

소설책 44권 위인전 40권 시집 41권 과학책 5권 문제집 3권 만화책 8권

7 소설책 + 과학책

	4	4
+		5
	4	9

8 소설책 + 문제집

	4	4
+		3
	4	7

9 위인전 + 문제집

	4	0
+		3
	4	3

10 위인전 + 만화책

	4	0
+		8
	4	8

11 시집 + 과학책

	4	1
+		5
	4	6

12 시집 + 만화책

	4	1
+		8
	4	9

08 무엇을 배웠나요? ❶

● 빈칸에 알맞은 수를 써넣으세요.

1 42 (+3) 45

2 41 (+2) 43

9 42 (+2) 44

10 43 (+2) 45

3 40 (+7) 47

4 46 (+3) 49

11 41 (+4) 45

12 43 (+4) 47

5 43 (+3) 46

6 48 (+1) 49

13 40 (+6) 46

14 43 (+6) 49

7 42 (+5) 47

8 45 (+4) 49

15 40 (+8) 48

16 41 (+8) 49

날짜   월   일   확인

09 무엇을 배웠나요? ❷

● 덧셈을 하세요.

1
```
   4 4
+    2
   4 6
```

2
```
   4 0
+    3
   4 3
```

3
```
   4 6
+    2
   4 8
```

4
```
   4 5
+    2
   4 7
```

5
```
   4 3
+    5
   4 8
```

6
```
   4 1
+    7
   4 8
```

7
```
   4 3
+    1
   4 4
```

8
```
   4 0
+    2
   4 2
```

9
```
   4 5
+    3
   4 8
```

10
```
   4 2
+    4
   4 6
```

11
```
   4 1
+    6
   4 7
```

12
```
   4 2
+    7
   4 9
```

13 46+1= 47

14 47+1= 48

15 44+3= 47

16 41+3= 44

17 40+5= 45

18 44+5= 49

19 45+1= 46

20 42+6= 48

21 41+5= 46

22 44+4= 48

23 40+9= 49

24 47+2= 49

01 그림을 보고 뺄셈하기

그림을 보고 45-3 계산하기

$45-3=42$

그림을 보고 뺄셈을 하세요.

1 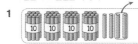 $44-2=\boxed{42}$

2  $46-3=\boxed{43}$

3 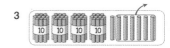 $47-6=\boxed{41}$

4  $48-4=\boxed{44}$

 · 덜어 내고 남은 수수깡의 수를 뺄셈으로 구합니다.

자르고 남은 부분을 뺄셈으로 알아보세요.

5 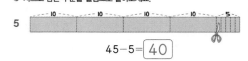 $45-5=\boxed{40}$

6 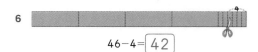 $46-4=\boxed{42}$

7 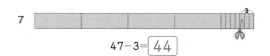 $47-3=\boxed{44}$

8 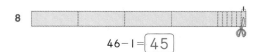 $46-1=\boxed{45}$

9 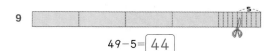 $49-5=\boxed{44}$

1~9번은 어느 것이든 상관없이 /으로
빨간색 수만큼 지웠으면 정답으로 합니다.

02 지우고 뺄셈하기

구슬을 지우고 45-3 계산하기

$45-3=42$

빨간색 수만큼 구슬을 /으로 지우고 뺄셈을 하세요.

1  $45-4=\boxed{41}$

2  $46-2=\boxed{44}$

3  $44-3=\boxed{41}$

4  $47-5=\boxed{42}$

빨간색 수만큼 포도알을 /으로 지우고 뺄셈을 하세요.

5  $43-2=\boxed{41}$

6  $44-1=\boxed{43}$

7  $45-5=\boxed{40}$

8  $46-3=\boxed{43}$

9  $44-4=\boxed{40}$

03 거꾸로 세어 뺄셈하기

날짜   월   일   확인

🌱 수를 거꾸로 세어 보고 45-3 계산하기

40 41 ㊷ 43 44 45 $45-3=42$

● 그림을 보고 뺄셈을 하세요.

1   42 43 44 45 46 47 $47-2=\boxed{45}$

2   43 44 45 46 47 48 $48-3=\boxed{45}$

3   44 45 46 47 48 49 $49-5=\boxed{44}$

4   41 42 43 44 45 46 $46-4=\boxed{42}$

5 거꾸로 세기를 표시하고 뺄셈을 하세요.

$49-3=\boxed{46}$ $49-4=\boxed{45}$

$48-4=\boxed{44}$

$46-3=\boxed{43}$

108 ~ 109쪽

04 비슷한 뺄셈하기

날짜   월   일   확인

🌱 5-3과 45-3 알아보기

$5-3=2$ $45-3=42$

● 그림을 보고 알맞은 수를 써 보세요.

1
$4-1=\boxed{3}$ $44-1=\boxed{43}$

2
$8-3=\boxed{5}$ $48-3=\boxed{45}$

● 뺄셈을 하세요.

3   $5-4=\boxed{1}$ 4 $6-2=\boxed{4}$
    $45-4=\boxed{41}$ $46-2=\boxed{44}$

5   $7-4=\boxed{3}$ 6 $8-5=\boxed{3}$
    $47-4=\boxed{43}$ $48-5=\boxed{43}$

7   $3-3=\boxed{0}$ 8 $9-3=\boxed{6}$
    $43-3=\boxed{40}$ $49-3=\boxed{46}$

9   $7-6=\boxed{1}$ 10 $9-8=\boxed{1}$
    $47-6=\boxed{41}$ $49-8=\boxed{41}$

05 세로셈 알아보기

날짜   월   일   확인

세로로 45-3 계산하기

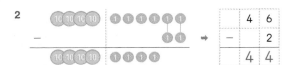

	4	5
−		3
	4	2

● 동전을 보고 뺄셈을 하세요.

1

	4	4
−		3
	4	1

2

	4	6
−		2
	4	4

3

	4	6
−		3
	4	3

4 뺄셈을 하세요.

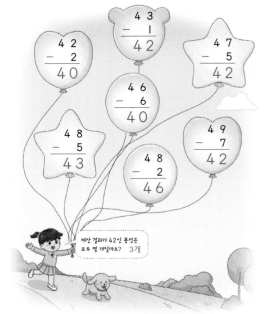

	4	3
−		1
	4	2

	4	2
−		2
	4	0

	4	7
−		5
	4	2

	4	6
−		6
	4	0

	4	8
−		5
	4	3

	4	9
−		7
	4	2

	4	8
−		2
	4	6

계산 결과가 42인 풍선은 모두 몇 개일까요? 3개

---

06 식을 쓰고 뺄셈하기 (1)

날짜   월   일   확인

가로로 식을 쓰고 45-3 계산하기

45 − 🖐️(3) ➡️ 4 5 − 3 = 4 2

● 펼친 손가락의 수만큼 빼는 식을 쓰고 뺄셈을 하세요.

1 44 − 🖐️
4 4 − 2 = 4 2

2 46 − 🖐️
4 6 − 5 = 4 1

3 48 − 🖐️
4 8 − 5 = 4 3

4 49 − 🖐️
4 9 − 3 = 4 6

5 47 − 🖐️
4 7 − 2 = 4 5

6 49 − 🖐️
4 9 − 4 = 4 5

● 먹고 남은 사탕의 수를 알아보는 식을 쓰고 뺄셈을 하세요.

7 43개 2개 먹었어요

4 3 − 2 = 4 1

8 45개 4개 먹었어요

4 5 − 4 = 4 1

9 46개 1개 먹었어요

4 6 − 1 = 4 5

10 47개 3개 먹었어요

4 7 − 3 = 4 4

11 48개 4개 먹었어요

4 8 − 4 = 4 4

12 49개 6개 먹었어요

4 9 − 6 = 4 3

07 식을 쓰고 뺄셈하기 (2)

🎲 세로로 식을 쓰고 45−3 계산하기

45 − ➡

	4	5
−		3
	4	2

● 주사위 눈의 수만큼 빼는 식을 쓰고 뺄셈을 하세요.

1 46 −

	4	6
−		1
	4	5

2 47 −

	4	7
−		3
	4	4

3 44 −

	4	4
−		4
	4	0

4 46 −

	4	6
−		2
	4	4

5 49 −

	4	9
−		5
	4	4

6 47 −

	4	7
−		6
	4	1

● 모자에 적힌 수에서 들고 있는 수를 빼는 식을 쓰고 뺄셈을 하세요.

7 41

	4	1
−		1
	4	0

8 43

	4	3
−		2
	4	1

9 45

	4	5
−		2
	4	3

10 47

	4	7
−		7
	4	0

11 49

	4	9
−		8
	4	1

12 48

	4	8
−		5
	4	3

116~117쪽

08 무엇을 배웠나요? ❶

● 빈칸에 알맞은 수를 써넣으세요.

1 43 → −2 → 41

2 44 → −3 → 41

11 45 → −2 → 43

12 48 → −2 → 46

3 45 → −3 → 42

4 46 → −4 → 42

13 48 → −4 → 44

14 49 → −4 → 45

5 47 → −5 → 42

6 48 → −1 → 47

15 46 → −6 → 40

16 47 → −6 → 41

7 49 → −7 → 42

8 48 → −6 → 42

17 48 → −8 → 40

18 49 → −8 → 41

9 44 → −2 → 42

10 47 → −3 → 44

19 46 → −3 → 43

20 49 → −3 → 46

118~119쪽

09 무엇을 배웠나요? ❷

날짜 월 일 확인

● 뺄셈을 하세요.

1	4 2
	− 2
	40

2	4 5
	− 4
	41

3	4 3
	− 1
	42

4	4 6
	− 3
	43

5	4 7
	− 4
	43

6	4 9
	− 6
	43

7	4 1
	− 1
	40

8	4 6
	− 2
	44

9	4 8
	− 3
	45

10	4 9
	− 3
	46

11	4 4
	− 4
	40

12	4 8
	− 5
	43

13 45−1= **44**

14 49−1= **48**

15 47−3= **44**

16 43−3= **40**

17 49−2= **47**

18 47−7= **40**

19 44−2= **42**

20 45−5= **40**

21 46−5= **41**

22 47−2= **45**

23 48−7= **41**

24 49−5= **44**

120쪽

빅터 연산
플러스 알파 +α

 미로 찾기

강아지가 주어진 조건에 맞게 미로를 통과하려고 합니다. 밥그릇에 얻어진 결과를 써 보세요.

조건
· 강아지는 가장 짧은 거리로 미로를 통과합니다.
· 미로를 통과하면서 바닥에 쓰인 식을 모두 계산합니다.

30+4=34, 34+2=36, 36−3=33,
33+5=38, 38−1=37

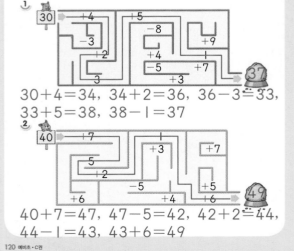

40+7=47, 47−5=42, 42+2=44,
44−1=43, 43+6=49

똑똑한 하루 시/리/즈

배우는 즐거움! 쌓이는 기초 실력!

공부 습관을 만들자!
하루 1ㅁ분!

과목	교재 구성	과목	교재 구성
하루 독해	예비초~6학년 각 A·B (14권)	하루 VOCA	3~6학년 각 A·B (8권)
하루 어휘	예비초~6학년 각 A·B (14권)	하루 Grammar	3~6학년 각 A·B (8권)
하루 글쓰기	예비초~6학년 각 A·B (14권)	하루 Reading	3~6학년 각 A·B (8권)
하루 한자	예비초: 예비초 A·B (2권) 1~6학년: 1A~4C (12권)	하루 Phonics	Starter A·B / 1A~3B (8권)
하루 수학	1~6학년 1·2학기 (12권)	하루 봄·여름·가을·겨울	1~2학년 각 2권 (8권)
하루 계산	예비초~6학년 각 A·B (14권)	하루 사회	3~6학년 1·2학기 (8권)
하루 도형	예비초 A·B, 1~6학년 6단계 (8권)	하루 과학	3~6학년 1·2학기 (8권)
하루 사고력	1~6학년 각 A·B (12권)	하루 안전	1~2학년 (2권)

정답은
이안에
있어!

똑똑한 **하루**

빅터
연산

Chunjae
Makes
Chunjae

▼

기획총괄	박금옥
편집개발	지유경, 정소현, 조선영, 최윤석, 김장미, 유혜지, 남솔, 정하영
디자인총괄	김희정
표지디자인	윤순미, 심지현
내지디자인	이은정, 김정우, 퓨리티
제작	황성진, 조규영
발행일	2023년 10월 1일 초판 2023년 10월 1일 1쇄
발행인	(주)천재교육
주소	서울시 금천구 가산로9길 54
신고번호	제2001-000018호
고객센터	1577-0902

똑똑한 **하루**

지루하고 힘든 연산은 OUT!

쉽고 재미있는 **빅터연산으로 연산홀릭**

2·A

초등 2 수준

빅터 연산

단/계/별 학습 내용

빅터 연산

구성과 특징

2단계 A권

Structure

흥미

만화로 흥미 UP

학습할 내용을 만화로 먼저 보면 흥미와 관심을 높일 수 있습니다.

개념 & 원리

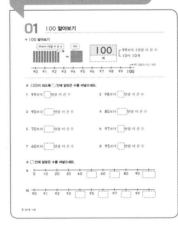

개념 & 원리 탄탄

연산의 원리를 쉽고 재미있게 확실히 이해하도록 하였습니다.
원리 이해를 돕는 문제로 연산의 기본을 다집니다.

정확성

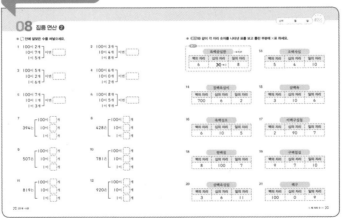

집중 연산

집중 연산을 통해 연산을 더 빠르고 더 정확하게 해결할 수 있게 됩니다.

다양한 유형

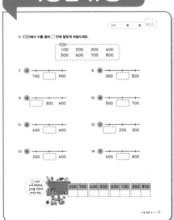

다양한 유형으로 흥미 UP

수수께끼, 연상퀴즈 등 다양한 형태의 문제로 게임보다 더 쉽고 재미있게 연산을 학습하면서 실력을 쌓을 수 있습니다.

Contents

차례

1 세 자리 수 (1)

한적한 숲 속 오두막집

제페토 할아버지가 외롭게 혼자 지내며 인형을 만들고 있었어요.

자, 이제 완성이다.

이번에 만든 인형이 256번째 인형이구나.

200   50   6

256 (이백오십육)

이 귀여운 인형이 내 아들이라면 얼마나 좋을까?

그만 자러 가볼까 ~.

연산력 게임

스마트폰을 이용하여 QR을 찍으면 재미있는 연산 게임을 할 수 있습니다.

01 100 알아보기

✤ 100 알아보기

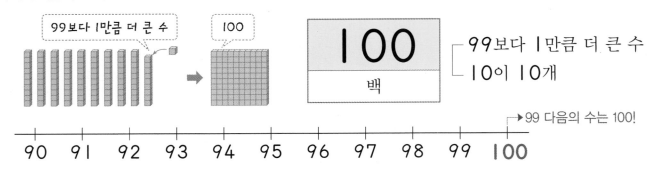

● 100이 되도록 ☐ 안에 알맞은 수를 써넣으세요.

1 99보다 ☐만큼 더 큰 수

2 98보다 ☐만큼 더 큰 수

3 90보다 ☐만큼 더 큰 수

4 80보다 ☐만큼 더 큰 수

5 70보다 ☐만큼 더 큰 수

6 97보다 ☐만큼 더 큰 수

7 60보다 ☐만큼 더 큰 수

8 95보다 ☐만큼 더 큰 수

● ☐ 안에 알맞은 수를 써넣으세요.

9
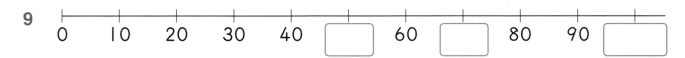

10
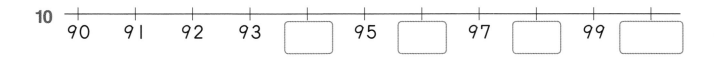

● 보기 와 같이 100원이 되려면 얼마가 더 필요한지 구하세요.

보기

10 원

음~ 지갑에 90원이 있으니까 10원이 더 필요하겠군.

11

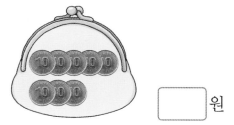

□ 원

12

□ 원

13

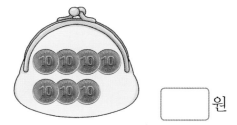

□ 원

14

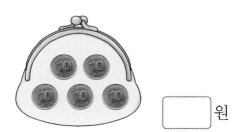

□ 원

15

□ 원

16

□ 원

17

□ 원

18

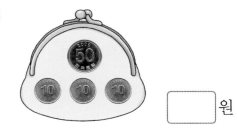

□ 원

02 몇백 알아보기

✤ 몇백 알아보기

● 보기 와 같이 ◯ 안에 알맞은 수를 써넣으세요.

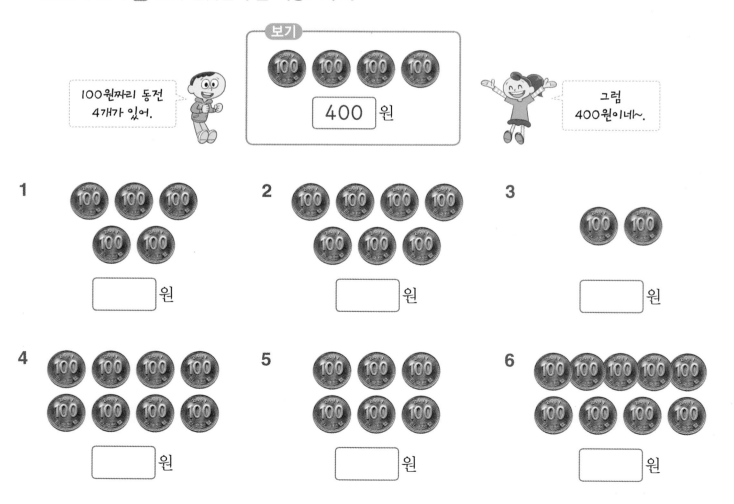

● 보기 에서 수를 골라 ☐ 안에 알맞게 써넣으세요.

보기

| 100 | 200 | 300 | 400 |
| 500 | 600 | 700 | 800 |

7 사

700 ☐ 900

8 바

300 ☐ 500

9 내

☐ 300 400

10 계

500 ☐ 700

11 로

400 ☐ 600

12 산

☐ 200 300

13 박

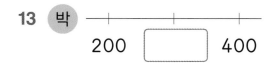

200 ☐ 400

14 가

600 ☐ 800

☐ 안의 수에 해당하는 글자를 빈칸에 써넣으세요.

| 200 | 700 | 400 | 500 | 600 | 100 | 300 | 800 |
| | | | | | | | |

03 세 자리 수 알아보기 (1)

✚ 세 자리 수 쓰기

백 모형	십 모형	일 모형

100이 2개 ┐
10이 3개 │ 이면 **238** (이백삼십팔)
1이 8개 ┘

132는 ┌ 100이 1개
　　　├ 10이 3개
　　　└ 1이 2개

● ☐ 안에 알맞은 수를 써넣으세요.

1 100이 7개 ┐
　　 10이 1개 │ 이면 ☐
　　 1이 8개 ┘

2 359는 ┌ 100이 ☐ 개
　　　　　├ 10이 ☐ 개
　　　　　└ 1이 ☐ 개

3 100이 1개 ┐
　　 10이 9개 │ 이면 ☐
　　 1이 6개 ┘

4 651은 ┌ 100이 ☐ 개
　　　　　├ 10이 ☐ 개
　　　　　└ 1이 ☐ 개

5 100이 5개 ┐
　　 10이 0개 │ 이면 ☐
　　 1이 2개 ┘

6 407은 ┌ 100이 ☐ 개
　　　　　├ 10이 ☐ 개
　　　　　└ 1이 ☐ 개

● 보기 와 같이 돼지 저금통 안에 들어 있는 돈은 모두 얼마인지 ☐ 안에 알맞은 수를 써넣으세요.

보기

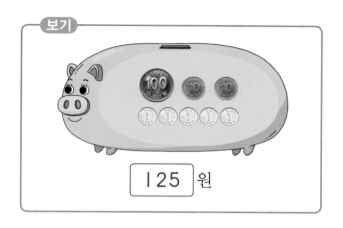

125 원

7

☐ 원

8

☐ 원

9

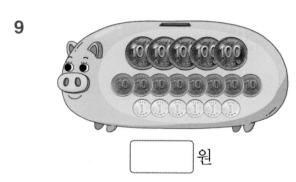

☐ 원

10

☐ 원

11

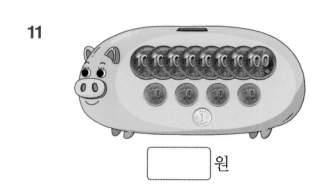

☐ 원

12

☐ 원

13

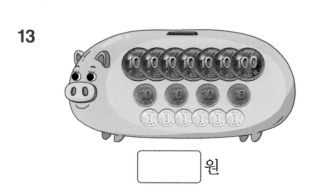

☐ 원

04 세 자리 수 알아보기 (2)

✛ 각 자리 숫자를 보고 세 자리 수 쓰고 읽기

백의 자리	십의 자리	일의 자리
7	8	3

쓰기: 783

읽기: 칠백팔십삼

204
➡ 이백영십사 (✗)
➡ 이백사 (◯)

자리의 숫자가 0이면 그 자리는 읽지 않아요.

● 보기 와 같이 각 자리 숫자를 보고 수를 써 보세요.

보기

백의 자리	십의 자리	일의 자리
2	7	3

➡ 273

1

백의 자리	십의 자리	일의 자리
1	8	2

➡ _____

2

백의 자리	십의 자리	일의 자리
4	6	1

➡ _____

3

백의 자리	십의 자리	일의 자리
6	2	0

➡ _____

4

백의 자리	십의 자리	일의 자리
8	0	1

➡ _____

5

백의 자리	십의 자리	일의 자리
9	0	5

➡ _____

● 각 자리 숫자를 보고 수를 읽어 보세요.

→ 쓰기: 273

6

백의 자리	십의 자리	일의 자리
2	7	3

읽기:

7

백의 자리	십의 자리	일의 자리
7	4	5

읽기:

8

백의 자리	십의 자리	일의 자리
9	2	6

읽기:

9

백의 자리	십의 자리	일의 자리
4	9	7

읽기:

10

백의 자리	십의 자리	일의 자리
3	1	7

읽기:

자리의 숫자가
1이면 그 자리는
자릿값만 읽어요.
512 ➡ 오백십이

11

백의 자리	십의 자리	일의 자리
5	8	0

읽기:

12

백의 자리	십의 자리	일의 자리
6	0	8

읽기:

05 세 자리 수의 자릿값 (1)

✣ 376의 자릿값 알아보기

백의 자리	십의 자리	일의 자리
3	7	6

3	0	0
	7	0
		6

백의 자리	십의 자리	일의 자리
4	6	8

➡ 468=400+60+8

● 빈칸에 알맞은 수를 써넣으세요.

1

670

백의 자리	십의 자리	일의 자리
6	7	0

6	0	0

2

299

백의 자리	십의 자리	일의 자리
2	9	9

		9

3

314

백의 자리	십의 자리	일의 자리
3	1	4

4

555

백의 자리	십의 자리	일의 자리
5	5	5

┌→ 무게의 단위로 kg를 사용했어요. kg은 킬로그램이라고 읽어요.

● **동물의 무게**를 보고 표를 완성하고 ☐ 안에 알맞은 수를 써넣으세요.

5

타조의 무게		
백의 자리	십의 자리	일의 자리
1	1	8

➡ 118 = ☐ + 10 + ☐

6

북극곰의 무게		
백의 자리	십의 자리	일의 자리
5		7

➡ 547 = ☐ + ☐ + 7

7

낙타의 무게		
백의 자리	십의 자리	일의 자리

➡ 455 = ☐ + ☐ + ☐

8

사자의 무게		
백의 자리	십의 자리	일의 자리

➡ 236 = ☐ + ☐ + ☐

9

악어의 무게		
백의 자리	십의 자리	일의 자리

➡ 315 = ☐ + ☐ + ☐

10

물개의 무게		
백의 자리	십의 자리	일의 자리

➡ 265 = ☐ + ☐ + ☐

06 세 자리 수의 자릿값 (2)

✛ 숫자 3이 나타내는 수 알아보기

327	➡	300
138	➡	30
573	➡	3

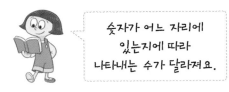

숫자가 어느 자리에
있는지에 따라
나타내는 수가 달라져요.

● 보기와 같이 주어진 숫자가 나타내는 수를 ☐ 안에 써넣으세요.

보기

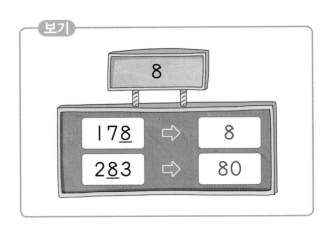

| 17**8** | ➡ | 8 |
| 2**8**3 | ➡ | 80 |

1
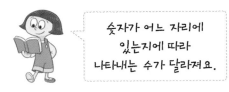

| 506 | ➡ | |
| 725 | ➡ | 5 |

2

7

| 347 | ➡ | |
| 712 | ➡ | |

3

4

| 149 | ➡ | |
| 904 | ➡ | |

4

6

| 296 | ➡ | |
| 760 | ➡ | |

5

9

| 491 | ➡ | |
| 930 | ➡ | |

● 각 마을로 가는 버스 번호를 알아보려고 합니다. ☐ 안에 알맞은 버스 번호를 써넣으세요.

6 🚌 소원 마을

숫자 6이 600을
나타내는 버스

➡ 백의 자리 숫자가
6인 버스를 찾아보세요.

☐ , ☐

7 🚌 달님 마을

숫자 4가 40을
나타내는 버스

☐ , ☐

8 🚌 희망 마을

숫자 1이 1을
나타내는 버스

☐ , ☐

9 🚌 꿈 마을

숫자 5가 500을
나타내는 버스

☐ , ☐

10 🚌 구름 마을

숫자 3이 3을
나타내는 버스

☐ , ☐

11 🚌 별님 마을

숫자 6이 60을
나타내는 버스

☐ , ☐

소원 마을과 구름 마을을 모두 가는 버스는 ☐ 번이에요.

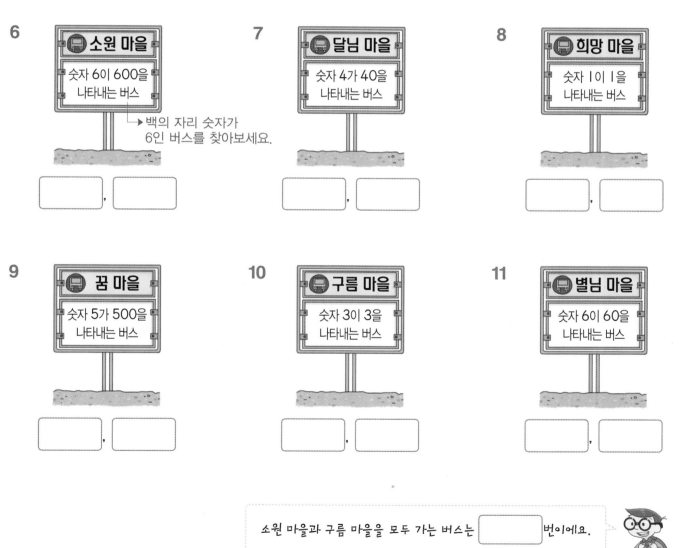

집중 연산 ❶

● 수 모형이 나타내는 수를 쓰고 읽어 보세요.

1
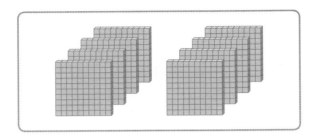

쓰기:

읽기:

2
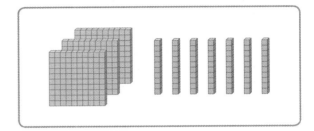

쓰기:

읽기:

3
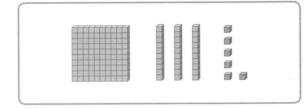

쓰기:

읽기:

4
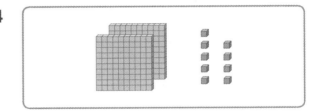

쓰기:

읽기:

5
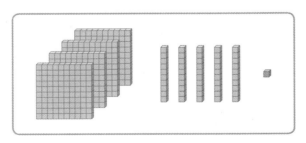

쓰기:

읽기:

6
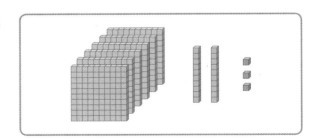

쓰기:

읽기:

● 보기 와 같이 조건에 맞는 수를 찾아 색칠해 보세요.

보기

숫자 5가 500을 나타내는 수

(295) (534) (751)

7   숫자 9가 900을 나타내는 수

(954) (890) (149)

8   숫자 2가 20을 나타내는 수

(276) (402) (728)

9   숫자 4가 4를 나타내는 수

(349) (458) (524)

10   숫자 7이 700을 나타내는 수

(473) (726) (597)

11   숫자 6이 60을 나타내는 수

(608) (796) (263)

12   숫자 8이 8을 나타내는 수

(718) (583) (820)

13   숫자 3이 300을 나타내는 수

(931) (378) (593)

08 집중 연산 ❷

● ☐ 안에 알맞은 수를 써넣으세요.

1　100이 2개 ⎫
　　　10이 7개 ⎬ 이면 ☐
　　　 1이 5개 ⎭

2　100이 3개 ⎫
　　　10이 4개 ⎬ 이면 ☐
　　　 1이 8개 ⎭

3　100이 5개 ⎫
　　　10이 2개 ⎬ 이면 ☐
　　　 1이 6개 ⎭

4　100이 6개 ⎫
　　　10이 0개 ⎬ 이면 ☐
　　　 1이 2개 ⎭

5　100이 7개 ⎫
　　　10이 1개 ⎬ 이면 ☐
　　　 1이 3개 ⎭

6　100이 8개 ⎫
　　　10이 5개 ⎬ 이면 ☐
　　　 1이 9개 ⎭

7　394는 ⎡ 100이 ☐ 개
　　　　　⎢ 10이 ☐ 개
　　　　　⎣ 1이 ☐ 개

8　428은 ⎡ 100이 ☐ 개
　　　　　⎢ 10이 ☐ 개
　　　　　⎣ 1이 ☐ 개

9　507은 ⎡ 100이 ☐ 개
　　　　　⎢ 10이 ☐ 개
　　　　　⎣ 1이 ☐ 개

10　781은 ⎡ 100이 ☐ 개
　　　　　⎢ 10이 ☐ 개
　　　　　⎣ 1이 ☐ 개

11　819는 ⎡ 100이 ☐ 개
　　　　　⎢ 10이 ☐ 개
　　　　　⎣ 1이 ☐ 개

12　920은 ⎡ 100이 ☐ 개
　　　　　⎢ 10이 ☐ 개
　　　　　⎣ 1이 ☐ 개

● 보기와 같이 각 자리 숫자를 나타낸 표를 보고 틀린 부분에 ×표 하세요.

보기

육백삼십팔 →638

백의 자리	십의 자리	일의 자리
6	3̶0̶ →3	8

13 오백사십

백의 자리	십의 자리	일의 자리
5	4	10

14 칠백육십이

백의 자리	십의 자리	일의 자리
700	6	2

15 삼백육

백의 자리	십의 자리	일의 자리
3	10	6

16 육백십오

백의 자리	십의 자리	일의 자리
6	10	5

17 이백구십칠

백의 자리	십의 자리	일의 자리
2	90	7

18 팔백칠

백의 자리	십의 자리	일의 자리
8	100	7

19 구백칠십

백의 자리	십의 자리	일의 자리
9	7	10

20 삼백육십일

백의 자리	십의 자리	일의 자리
3	6	11

21 백구

백의 자리	십의 자리	일의 자리
100	0	9

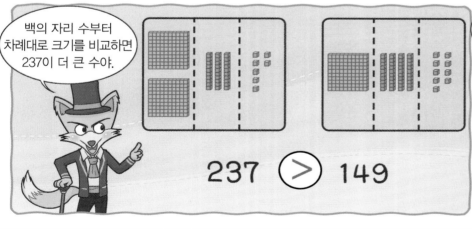

237 > 149

▶ 몇씩 뛰어 세기
▶ 몇씩 뛰어 센 것인지 알아보기
▶ 수의 크기 비교
▶ 규칙 찾기
▶ 규칙을 정해서 수 배열하기

연산력 게임

스마트폰을 이용하여 QR을 찍으면 재미있는 연산 게임을 할 수 있습니다.

01 몇씩 뛰어 세기

✚ **1O씩 뛰어 세기**

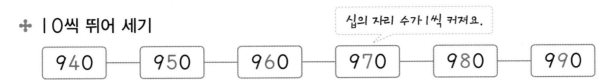

십의 자리 수가 1씩 커져요.

| 940 | 950 | 960 | 970 | 980 | 990 |

✚ **1씩 뛰어 세기**

천이라고 읽어요.

| 994 | 995 | 996 | 997 | 998 | 999 | 1000 |

→ 999보다 1만큼 더 큰 수

일의 자리 수가 1씩 커져요.

● **뛰어 세어 보세요.**

1 [1O씩 뛰어 세기]

140 — 150 — 160 — ◯ — ◯ — ◯ — ◯

2 [1씩 뛰어 세기]

263 — 264 — 265 — ◯ — ◯ — ◯ — ◯

3 [1OO씩 뛰어 세기]

317 — 417 — 517 — ◯ — ◯ — ◯ — ◯

4 [5씩 뛰어 세기]

850 — 855 — ◯ — 865 — ◯ — ◯ — ◯

5 [5O씩 뛰어 세기]

200 — 250 — ◯ — ◯ — ◯ — ◯ — ◯

● **보기** 와 같이 바둑돌이 l칸씩 움직일 때마다  에 쓰인 수만큼 커지는 규칙으로 뛰어 셉니다.
바둑돌이 화살표를 따라 움직일 때 마지막으로 놓인 곳의 수를 써 보세요.

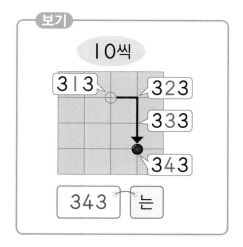

보기

10씩

313   323
      333
      343

343 는

6

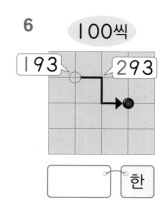

100씩

193   293

⬜ 한

7

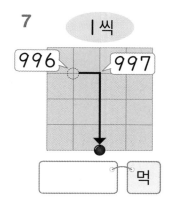

l씩

996   997

⬜ 먹

8

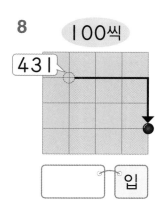

100씩

431

⬜ 입

9

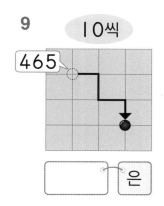

10씩

465

⬜ 은

10

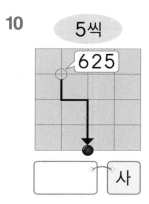

5씩

625

⬜ 사

11

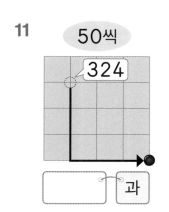

50씩

324

⬜ 과

계산 결과에 해당하는 글자를 빈칸에
써넣어 만든 수수께끼의 답은 무엇일까요?

수수께끼

493	931	1000	505		645	624	343
							는 ?

02 몇씩 뛰어 센 것인지 알아보기

✚ **규칙을 찾아 뛰어 세기**

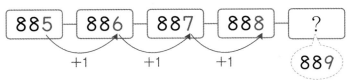

규칙: |씩 뛰어 센 것입니다.

➡ 888 다음의 수는 889입니다.

일의 자리 수가 |씩 커지고 있어요.

● 몇씩 뛰어 센 것인지 알아보세요.

1 472 — 473 — 474 — 475

◻ 씩

2 365 — 375 — 385 — 395

◻ 씩

3 423 — 523 — 623 — 723

◻ 씩

4 198 — 199 — 200 — 201

◻ 씩

5 698 — 798 — 898 — 998

◻ 씩

6 273 — 283 — 293 — 303

◻ 씩

7 235 — 285 — 335 — 385

◻ 씩

8 524 — 529 — 534 — 539

◻ 씩

● 수를 뛰어 센 것입니다. 빈칸에 알맞은 수를 써넣으세요.

9

184 185 186

10

351 451 551

11

319 329 339

12

210 260 310

백의 자리 수가 1 작아졌어요.

13

800 700 600

14

880 870 860

03 수의 크기 비교 (1)

자릿수가 다른 경우

$$1\,73\;>\;82$$

세 자리 수 ◀──   ──▶ 두 자리 수

자릿수가 많은
수가 더 커요.

백의 자리 수가 다른 세 자리 수

$$581\;<\;625$$

5<6

백의 자리 수가
큰 수가 더 커요.

● 두 수의 크기를 비교하여 ◯ 안에 >, <를 알맞게 써넣으세요.

1 108 ◯ 99

  76 ◯ 123

2 562 ◯ 389

  611 ◯ 505

3 99 ◯ 100

  112 ◯ 87

4 312 ◯ 457

  533 ◯ 385

5 206 ◯ 65

  82 ◯ 120

6 465 ◯ 681

  847 ◯ 476

7 78 ◯ 123

  201 ◯ 95

8 214 ◯ 571

  439 ◯ 568

9 민수가 탐험 도구를 찾으러 가려고 합니다. 규칙에 따라 갈 때 민수가 얻게 되는 탐험 도구에 ◯표 하세요.

[규칙]

① 두 수의 크기를 비교해요.
② 더 큰 수가 적힌 방향으로 가요.

출발

146	503	319	591
87	248	601	466
904	510	59	210
665	315	204	77
582	371	834	598
607	773	692	972
36	297	55	427
396	408	381	279

칼

약

노끈

카메라

가방   모자   손전등   우산

04 수의 크기 비교 (2)

✜ 백의 자리 수가 같은 세 자리 수

$$3|4 \ \ⓒ \ 352$$
1<5

십의 자리 수가
클수록 더 큰 수예요.

✜ 백과 십의 자리 수가 같은 세 자리 수

$$527 \ \ⓢ \ 523$$
7>3

백 → 십 → 일의
순서대로 비교해요.

● 두 수의 크기를 비교하여 ◯ 안에 >, <를 알맞게 써넣으세요.

1 128 ◯ 134

   715 ◯ 709

2 494 ◯ 497

   103 ◯ 107

3 365 ◯ 319

   548 ◯ 570

4 284 ◯ 289

   347 ◯ 345

5 426 ◯ 441

   680 ◯ 629

6 638 ◯ 636

   532 ◯ 539

7 948 ◯ 967

   689 ◯ 679

8 372 ◯ 375

   864 ◯ 861

● 가격표를 보고 보기와 같이 물건값을 비교하여 ○ 안에 >, <를 알맞게 써넣으세요.

가격표					
물건	가격	물건	가격	물건	가격
🍬	728원	🧍	580원	딸기잼	915원
우유	550원	과자	750원	주스	558원
초콜릿	735원	땅콩잼	920원	🍞	923원

보기

> 728원   580원

백의 자리 수끼리
비교하면 7>5예요.

9 ◯ 　10 ◯ 　11 ◯

12 ◯ 　13 ◯ 　14 ◯

15 ◯ 　16 ◯ 　17 ◯

05 세 수의 크기 비교 (1)

✛ 173, 215, 198의 크기 비교

두 수씩 크기를 비교합니다.

173 < 215
1<2

→ 가장 큰 수
215 > 198
2>1

→ 가장 작은 수
173 < 198
7<9

215>198>173
가장 큰 수   가장 작은 수

● 가장 큰 수에 ◯표 하세요.

1 | 99   216   158 |

2 | 259   267   196 |

3 | 568   587   583 |

4 | 423   368   441 |

● 가장 작은 수에 △표 하세요.

5 540   479   475

6 783   771   765

7 188   83   949

8 809   810   814

● 은행에서 번호표를 들고 순서를 기다리고 있습니다. 가장 먼저 번호표를 뽑은 동물이 가진 수에 ○표 하세요.

9

79　　100　　200

먼저 뽑은 번호표일수록 수의 크기가 작아져요.

10

210　　97　　102

11

383　　721　　526

12

185　　308　　259

13

173　　307　　310

14

387　　294　　278

15

634　　609　　711

06 세 수의 크기 비교 (2)

✚ 173, 215, 198의 크기 비교

① 백의 자리 수를 한 번에 비교합니다.

② 남은 두 수의 십의 자리 수를 비교합니다.

215>198>173
가장 큰 수   가장 작은 수

● 세 수의 크기를 비교하여 보기 와 같이 작은 수부터 차례대로 써 보세요.

보기

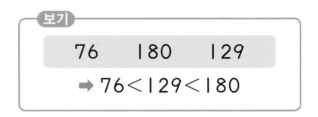

76   180   129

➡ 76<129<180

1   763   829   930

➡ ☐ < ☐ < ☐

2   369   198   55

➡ ☐ < ☐ < ☐

3   463   521   603

➡ ☐ < ☐ < ☐

4   296   284   317

➡ ☐ < ☐ < ☐

5   566   601   570

➡ ☐ < ☐ < ☐

6   738   733   741

➡ ☐ < ☐ < ☐

7   821   829   820

➡ ☐ < ☐ < ☐

● 주원이가 밟아야 하는 돌에 ◯표 하세요.

07 규칙 찾기

✤ 수의 규칙 찾기

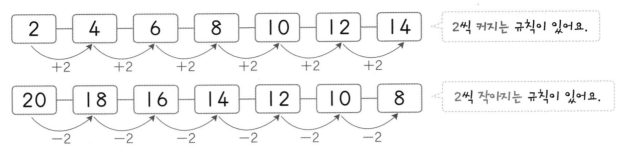

● 수의 규칙을 찾아 보기 와 같이 ☐ 안에 알맞은 수나 말을 써넣으세요.

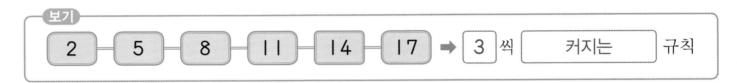

1 4 — 8 — 12 — 16 — 20 — 24 ➡ ☐ 씩 ☐ 규칙

2 25 — 23 — 21 — 19 — 17 — 15 ➡ ☐ 씩 ☐ 규칙

3 40 — 35 — 30 — 25 — 20 — 15 ➡ ☐ 씩 ☐ 규칙

4 7 — 14 — 21 — 28 — 35 — 42 ➡ ☐ 씩 ☐ 규칙

5 50 — 47 — 44 — 41 — 38 — 35 ➡ ☐ 씩 ☐ 규칙

6 1 — 6 — 11 — 16 — 21 — 26 ➡ ☐ 씩 ☐ 규칙

● 사물함에서 수의 규칙을 찾아 ☐ 안에 알맞은 수를 써넣으세요.

7 ➡️

60부터 65까지 ☐ 씩 커집니다.

8 ⬇️

57부터 97까지 ☐ 씩 커집니다.

9 ▨

50부터 94까지 ☐ 씩 커집니다.

10 ▨

59부터 95까지 ☐ 씩 커집니다.

● 영화관 좌석에서 수의 규칙을 찾아 ☐ 안에 알맞은 수를 써넣으세요.

11 ⬅️

70부터 66까지 ☐ 씩 작아집니다.

12 ⬆️

96부터 64까지 ☐ 씩 작아집니다.

13 ▨

94부터 58까지 ☐ 씩 작아집니다.

14 ▨

93부터 65까지 ☐ 씩 작아집니다.

08 규칙을 정해서 수 배열하기

✤ 5부터 2씩 커지는 규칙으로 수 배열하기

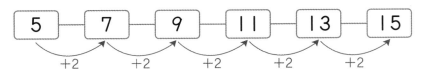

2씩 커지면
앞의 수에 2를 더하고
2씩 작아지면
앞의 수에서 2를 빼요.

✤ 20부터 2씩 작아지는 규칙으로 수 배열하기

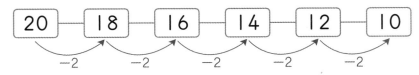

● 보기 와 같이 주어진 규칙에 맞게 ☐ 안에 알맞은 수를 써넣으세요.

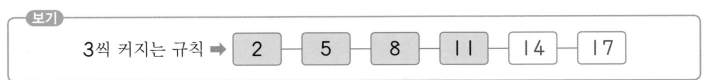

보기
3씩 커지는 규칙 ➡ 2 ─ 5 ─ 8 ─ 11 ─ 14 ─ 17

1 5씩 커지는 규칙 ➡ 3 ─ 8 ─ 13 ─ ☐ ─ ☐ ─ ☐

2 5씩 작아지는 규칙 ➡ 50 ─ 45 ─ 40 ─ ☐ ─ ☐ ─ ☐

3 4씩 커지는 규칙 ➡ 10 ─ 14 ─ 18 ─ ☐ ─ ☐ ─ ☐

4 4씩 작아지는 규칙 ➡ 40 ─ 36 ─ ☐ ─ ☐ ─ ☐ ─ ☐

5 7씩 커지는 규칙 ➡ 5 ─ 12 ─ ☐ ─ ☐ ─ ☐ ─ ☐

● 화살표의 규칙에 맞게 빈칸에 알맞은 수를 써넣으세요.

6

→ 2씩 커져요.

↓ 5씩 작아져요.

10 → 12 →

7

→ 3씩 커져요.

↓ 7씩 작아져요.

16 → 19 →

8

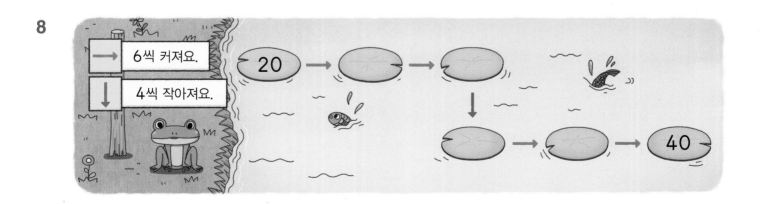

→ 6씩 커져요.

↓ 4씩 작아져요.

20 →

40

● 두 수의 크기를 비교하여 ◯ 안에 더 큰 수를 써넣으세요.

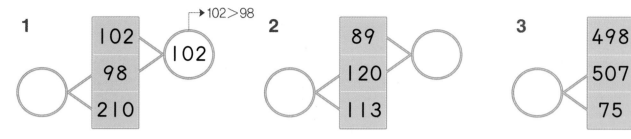

1
→ 102 > 98
102
98
210
→ 102

2
89
120
113

3
498
507
75

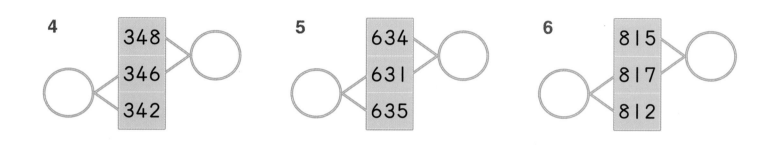

4
348
346
342

5
634
631
635

6
815
817
812

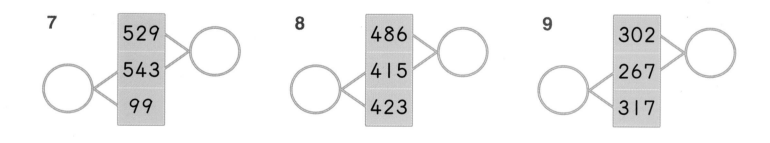

7
529
543
99

8
486
415
423

9
302
267
317

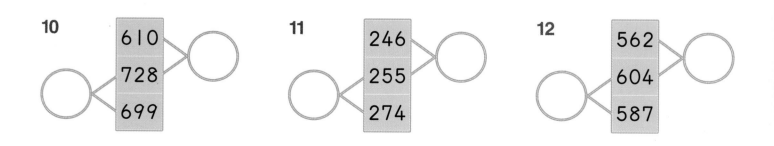

10
610
728
699

11
246
255
274

12
562
604
587

● 두 수의 크기를 비교하여 ◯ 안에 더 작은 수를 써넣으세요.

13
◯
| 213 |
| 195 |
| 201 |
◯

14
◯
| 143 |
| 137 |
| 149 |
◯

15
◯
| 532 |
| 538 |
| 534 |
◯

16
◯
| 746 |
| 785 |
| 761 |
◯

17
◯
| 356 |
| 278 |
| 322 |
◯

18
◯
| 917 |
| 793 |
| 826 |
◯

19
◯
| 435 |
| 461 |
| 70 |
◯

20
◯
| 481 |
| 564 |
| 509 |
◯

21
◯
| 792 |
| 776 |
| 780 |
◯

22
◯
| 341 |
| 275 |
| 199 |
◯

23
◯
| 264 |
| 308 |
| 296 |
◯

24
◯
| 624 |
| 493 |
| 511 |
◯

10 집중 연산 ②

● 규칙에 따라 뛰어 세어 보세요.

1
536 537 538

2
447 457 467

3
224 324 424

4
226 276 326

5
935 940 945

6
455 445 435

7
604 603 602

● 규칙에 맞게 뛰어 세어 ☐ 안에 알맞은 수를 써넣으세요.

→는 10씩, ↓는 100씩 커지는 규칙이에요!

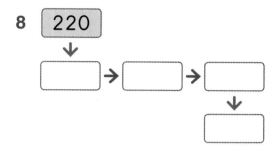

8 220

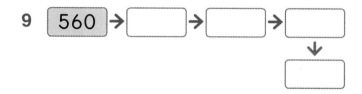

9 560

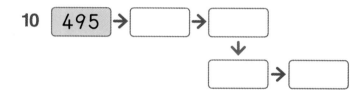

10 495

→는 10씩, ↓는 1씩 커지는 규칙이에요!

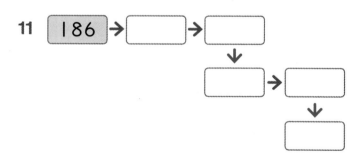

11 186

12 388

13 252

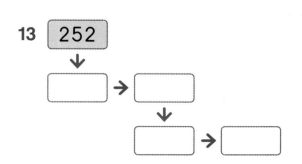

11 집중 연산 ❸

● 두 수의 크기를 비교하여 ○ 안에 >, <를 알맞게 써넣으세요.

1 73 ◯ 158
   103 ◯ 31
   87 ◯ 120

2 61 ◯ 106
   77 ◯ 201
   153 ◯ 89

3 198 ◯ 312
   275 ◯ 401
   514 ◯ 396

4 243 ◯ 270
   561 ◯ 547
   839 ◯ 840

5 364 ◯ 367
   675 ◯ 619
   798 ◯ 832

6 348 ◯ 372
   569 ◯ 583
   735 ◯ 718

7 643 ◯ 641
   772 ◯ 776
   383 ◯ 389

8 473 ◯ 569
   200 ◯ 305
   812 ◯ 799

9 570 ◯ 612
   769 ◯ 790
   928 ◯ 923

10 786 ◯ 784
    491 ◯ 573
    834 ◯ 695

11 526 ◯ 387
    643 ◯ 619
    835 ◯ 832

12 921 ◯ 899
    747 ◯ 741
    836 ◯ 861

● 가장 큰 수에 ○표, 가장 작은 수에 △표 하세요.

13   96   167   68

14   234   512   379

15   461   398   425

16   196   200   187

17   913   887   865

18   524   627   558

19   672   651   689

20   746   768   719

21   376   400   396

22   998   897   923

학습내용

▶ (두 자리 수)+(한 자리 수)
▶ (한 자리 수)+(두 자리 수)
▶ (세 자리 수)+(한 자리 수)

연산력 게임

스마트폰을 이용하여 QR을 찍으면 재미있는 연산 게임을 할 수 있습니다.

01 (두 자리 수)+(한 자리 수) (1)

✦ 35+7의 세로셈

받아올림한 수는 십의 자리 위에 작게 써요!

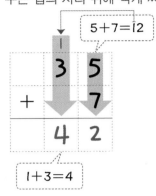

5+7=12

1+3=4

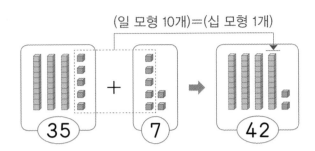

(일 모형 10개)=(십 모형 1개)

35 + 7 → 42

● 계산해 보세요.

1
```
    1 7
  +   6
```

2
```
    2 8
  +   6
```

3
```
    3 9
  +   3
```

4
```
    3 5
  +   6
```

5
```
    4 3
  +   8
```

6
```
    3 6
  +   9
```

7
```
    8 4
  +   6
```

8
```
    5 6
  +   8
```

9
```
    7 5
  +   6
```

● 계산해 보세요.

10   2 8
    +   8

11   7 4
    +   9

12   3 9
    +   7

13   6 9
    +   9

14   4 6
    +   6

15   5 6
    +   9

16   6 7
    +   3

17   2 9
    +   6

18   7 7
    +   9

계산 결과에 해당하는 수에
노란색을 칠해 보세요.
타일로 쓴 수는 무엇일까요?

97	48			78	27	46
65	35	36		56	47	70
83	25	99		39	66	86
				77	24	52

02 (두 자리 수)+(한 자리 수) (2)

✚ 35+7의 가로셈

$$(\boxed{\text{□□□□□}}) = \boxed{}$$

$$35 + 7 = 42$$

3+1=4 5+7=12

일의 자리에서 반아올림한 1은 실제로 10을 나타내요.

● 계산해 보세요.

1 18+5= ☐

18+7= ☐

18+2= ☐

2 27+6= ☐

27+3= ☐

27+8= ☐

3 44+9= ☐

44+6= ☐

44+8= ☐

4 55+9= ☐

55+5= ☐

55+7= ☐

5 66+7= ☐

66+9= ☐

66+4= ☐

6 79+7= ☐

79+2= ☐

79+4= ☐

● 보기 와 같이 청소 도구 수의 합을 덧셈식으로 나타내고 계산해 보세요.

빗자루	16개	걸레	37개
쓰레받기	18개	SOAP	15개
세제	3개	종량제 10ℓ	24개
밀대걸레	6개	분무기	8개

보기

1	6	+	8	=	2	4

7

8

9

10

11

12

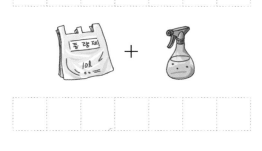

13

03 (한 자리 수)+(두 자리 수) (1)

✛ 6+25의 세로셈

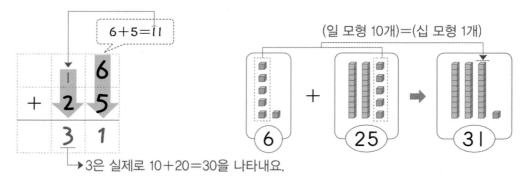

6+5=11

(일 모형 10개)=(십 모형 1개)

→ 3은 실제로 10+20=30을 나타내요.

● 계산해 보세요.

1

```
      3
+  6  9
```

2

```
      6
+  4  8
```

3

```
      5
+  1  9
```

4

```
      4
+  3  6
```

5

```
      6
+  8  6
```

6

```
      9
+  2  4
```

7

```
      6
+  5  5
```

8

```
      4
+  3  8
```

9

```
      8
+  8  3
```

● 달력을 보고 같은 모양인 두 수의 합을 구하세요.

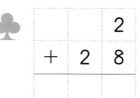

3월

일	월	화	수	목	금	토
		1	2	3	4	5
6	7	8	9	10	11	12
13	14	15	16	17	18	19
20	21	22	23	24	25	26
27	28	29	30	31		

10 ♥
```
    3
+ 1 8
─────
```

11 ♣
```
    2
+ 2 8
─────
```

12 ▼
```
    5
+ 2 6
─────
```

13 ◆
```
      1
```

14 ●
```
      6
```

15 ▲
```
      9
```

16 ■
```
    2 7
```

17 ★
```
    1 9
```

18 ♠
```
    1 7
```

04 (한 자리 수)+(두 자리 수) (2)

✛ 6+25의 가로셈

6 + 25 = 85
일의 자리 십의 자리

6 + 25 = 31
일의 자리 일의 자리

같은 자리끼리
계산해요.

● 계산해 보세요.

1 5+16=☐

　　5+38=☐

　　5+77=☐

2 8+57=☐

　　8+19=☐

　　8+23=☐

3 4+39=☐

　　4+86=☐

　　4+58=☐

4 6+28=☐

　　6+45=☐

　　6+77=☐

5 7+66=☐

　　7+19=☐

　　7+44=☐

6 9+38=☐

　　9+52=☐

　　9+88=☐

● 어린이들이 과일 상자를 들고 저울 위에 올라갔습니다. 과일 상자와 어린이의 무게의 합을 덧셈식으로 나타내고 계산해 보세요.

7

8 kg   32 kg

| 8 | + | 3 | 2 | = | | |

8

7 kg   34 kg

| 7 | + | 3 | 4 | = | | |

9

8 kg   38 kg

| | | | | | | |

10

7 kg   25 kg

| | | | | | | |

11

8 kg   29 kg

| | | | | | | |

12

7 kg   36 kg

| | | | | | | |

13

8 kg   35 kg

| | | | | | | |

14

7 kg   29 kg

| | | | | | | |

05 두 자리 수와 한 자리 수의 덧셈

➕ 두 자리 수를 몇십으로 바꾸어 계산하기

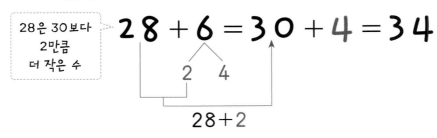

28은 30보다 2만큼 더 작은 수

$$28 + 6 = 30 + 4 = 34$$

2   4

28+2

한 자리 수를 가르기 하여 두 자리 수를 몇십으로 만들어 봐요!

● 두 자리 수를 몇십으로 바꾸어 계산하려고 합니다. ☐ 안에 알맞은 수를 써넣으세요.

1 $53 + 9 = 60 + 2 =$ ☐

7   2

2 $48 + 7 =$ ☐ $+ 5 =$ ☐

2   5

3 $75 + 8 =$ ☐ $+$ ☐ $=$ ☐

5   ☐

4 $86 + 5 =$ ☐ $+$ ☐ $=$ ☐

4   ☐

5 $37 + 4 =$ ☐ $+$ ☐ $=$ ☐

3   ☐

6 $89 + 6 =$ ☐ $+$ ☐ $=$ ☐

1   ☐

● 두 자리 수를 몇십으로 바꾸어 계산하려고 합니다. ☐ 안에 알맞은 수를 써넣으세요.

7 78+8=80+6=☐

2   6

8 7+35=2+☐=☐

2 5

9 64+9=☐+3=☐

☐   3

10 9+55=4+☐=☐

4 ☐

11 38+9=☐+7=☐

☐   7

12 7+34=1+☐=☐

1 ☐

13 85+7=☐+☐=☐

5   ☐

14 6+28=☐+☐=☐

☐   2

06 (세 자리 수)+(한 자리 수) (1)

✛ 129+5의 세로셈

백의 자리 숫자는
그대로 내려 쓰기!

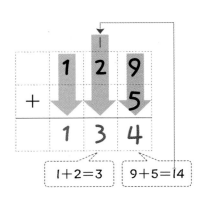

1+2=3   9+5=14

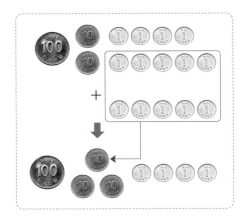

● 계산해 보세요.

1
```
    1 7 4
  +     7
```

2
```
    5 7 6
  +     8
```

3
```
    8 6 9
  +     5
```

4
```
    7 2 3
  +     8
```

5
```
    2 5 6
  +     5
```

6
```
    4 8 5
  +     5
```

7
```
    3 1 4
  +     8
```

8
```
    6 8 6
  +     9
```

9
```
    7 6 8
  +     5
```

● 장터에서 본 물건과 가격입니다. 모두 몇 푼인지 계산해 보세요.

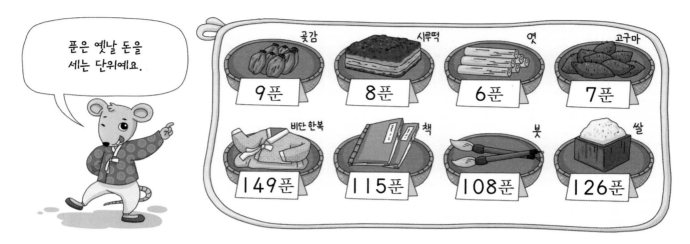

푼은 옛날 돈을 세는 단위예요.

곶감	시루떡	엿	고구마
9푼	8푼	6푼	7푼

비단 한복	책	붓	쌀
149푼	115푼	108푼	126푼

10

+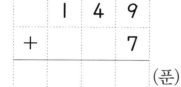

```
    1  4  9
 +        7
```
(푼)

11

+

(푼)

12

+

(푼)

13

+

(푼)

14

+

(푼)

15

+

(푼)

07 (세 자리 수)+(한 자리 수) (2)

✛ 129+5의 가로셈

일의 자리
계산에서 받아올림한 수를
잊지 말고 더해요.

$1+2=3$

$129+5=134$

$9+5=14$

● 계산해 보세요.

1 152+8=[　　]

477+8=[　　]

715+8=[　　]

2 265+5=[　　]

628+5=[　　]

907+5=[　　]

3 458+3=[　　]

957+3=[　　]

289+3=[　　]

4 157+6=[　　]

555+6=[　　]

828+6=[　　]

5 815+9=[　　]

168+8=[　　]

735+7=[　　]

6 659+5=[　　]

284+7=[　　]

528+9=[　　]

● 옛날 로마 사람들은 다음과 같이 수를 나타내었습니다. 보기 와 같이 계산해 보세요.

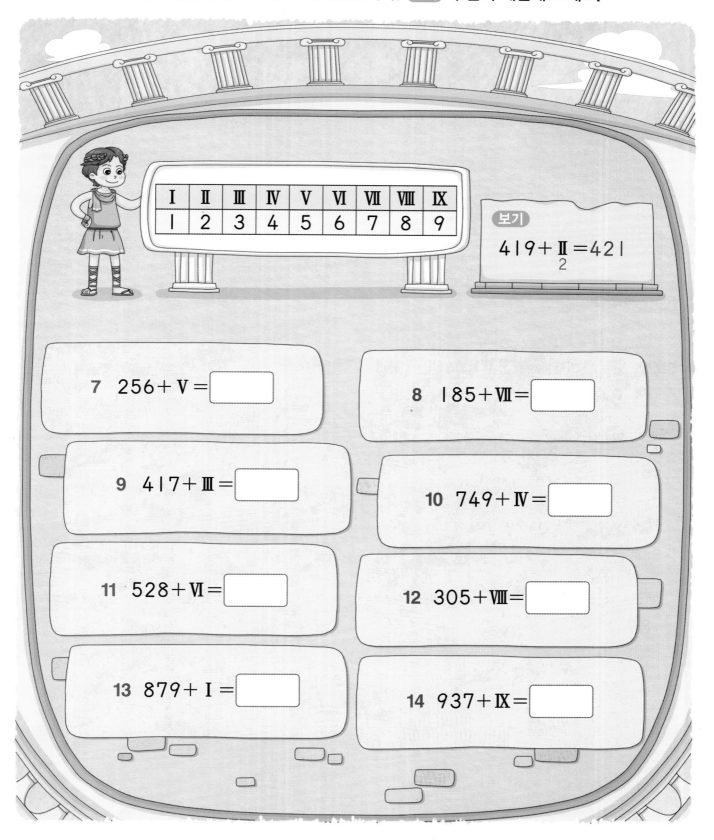

I	II	III	IV	V	VI	VII	VIII	IX
1	2	3	4	5	6	7	8	9

보기
$419 + \underset{2}{II} = 421$

7 $256 + V = \boxed{}$

8 $185 + VII = \boxed{}$

9 $417 + III = \boxed{}$

10 $749 + IV = \boxed{}$

11 $528 + VI = \boxed{}$

12 $305 + VIII = \boxed{}$

13 $879 + I = \boxed{}$

14 $937 + IX = \boxed{}$

● 두 수의 합을 빈칸에 써넣으세요.

1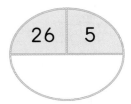

2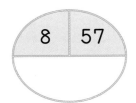

3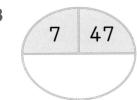

4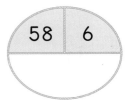

5

6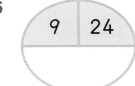

● 빈칸에 알맞은 수를 써넣으세요.

7

8

9

10

11

12

● 보기와 같이 빈칸에 알맞은 수를 써넣으세요.

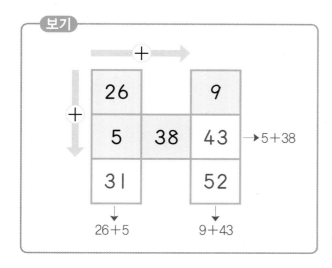

13
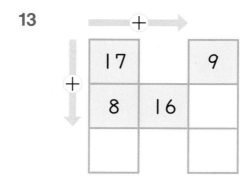

14
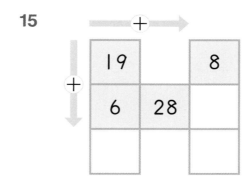

15

16
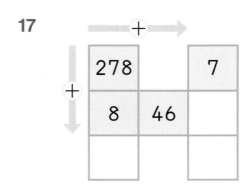

17

● 계산해 보세요.

1
```
    7 9
  +   5
```

2
```
    2 8
  +   3
```

3
```
      3
  + 4 7
```

4
```
    3 8
  +   5
```

5
```
      7
  + 6 6
```

6
```
      8
  + 1 9
```

7
```
    5 7
  +   6
```

8
```
    2 6
  +   5
```

9
```
      9
  + 7 3
```

10
```
    7 4
  +   9
```

11
```
      3
  + 8 9
```

12
```
      5
  + 4 7
```

13
```
    3 6
  +   7
```

14
```
    5 5
  +   8
```

15
```
      6
  + 2 6
```

16   3 4 5
    +   9

17   1 6 6
    +   8

18   4 4 3
    +   7

19   9 2 9
    +   6

20   6 1 5
    +   7

21   5 5 6
    +   8

22   3 6 3
    +   8

23   7 1 7
    +   4

24   4 5 6
    +   5

25   2 7 9
    +   6

26   5 3 8
    +   5

27   9 8 6
    +   7

28   7 1 7
    +   4

29   4 5 5
    +   8

30   8 2 4
    +   6

10 집중 연산 ❸

● 계산해 보세요.

1 35+7

46+8

2 69+4

27+5

3 88+6

54+7

4 6+34

3+58

5 9+76

7+25

6 4+17

8+43

7 67+9

6+85

8 7+56

38+6

9 74+8

4+47

10 26+8

9+52

11 72+8

9+83

12 35+7

6+44

13 46+8

27+7

14 82+9

56+6

15 39+5

68+4

16 5+49

7+28

17 3+57

8+19

18 4+69

6+35

19 52+9

7+29

20 6+77

58+5

21 44+8

3+87

22 84+7

8+46

23 54+7

5+27

24 36+6

4+79

25 278+7

654+8

26 736+9

349+6

27 564+8

985+7

28 324+8

181+9

29 525+6

952+8

30 479+3

857+5

4 받아올림이 한 번 있는 덧셈 (2)

일의 자리에서 받아올림이 있는 (두 자리 수)+(두 자리 수) (1)

✤ 26+17의 세로셈

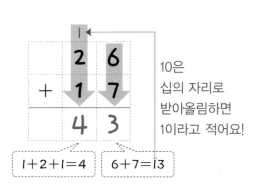

10은
십의 자리로
받아올림하면
1이라고 적어요!

1+2+1=4   6+7=13

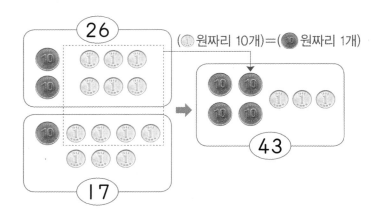

(① 원짜리 10개)=(⑩ 원짜리 1개)

● 계산해 보세요.

1
```
    1 3
+   6 9
```

2
```
    3 2
+   4 8
```

3
```
    7 5
+   1 9
```

4
```
    2 4
+   3 6
```

5
```
    5 7
+   1 6
```

6
```
    4 9
+   2 4
```

7
```
    1 5
+   7 5
```

8
```
    5 4
+   3 8
```

9
```
    2 8
+   1 3
```

● 보기와 같이 계산 결과가 주어진 수와 <u>다른</u> 것을 모두 찾아 ×표 하여 풍선을 끊어 보세요.

10

11

12

02 일의 자리에서 받아올림이 있는 (두 자리 수)+(두 자리 수) (2)

✛ 26+17의 가로셈

$$1 \atop 26 + 17 = 43$$

6+7=13

1+2+1=4

가로셈을 할 때도
받아올림을 표시하여
계산해 보세요.

● 계산해 보세요.

1 25+19= ☐

47+19= ☐

46+39= ☐

2 75+16= ☐

26+16= ☐

58+36= ☐

3 57+19= ☐

57+37= ☐

67+28= ☐

4 38+49= ☐

17+49= ☐

46+29= ☐

5 24+28= ☐

17+78= ☐

26+35= ☐

6 25+17= ☐

76+18= ☐

28+56= ☐

● 보기 와 같이 계산을 하여 화분에 써넣으세요.

보기

44+17 → 61

7

8

9

10

11

12

13

14

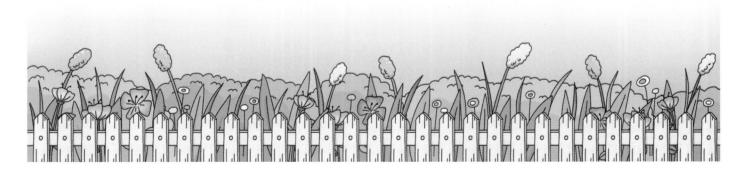

03 십의 자리에서 받아올림이 있는 (두 자리 수)+(두 자리 수) (1)

✚ 31+84의 세로셈

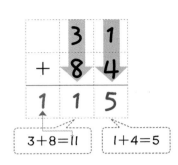

3+8=11 1+4=5

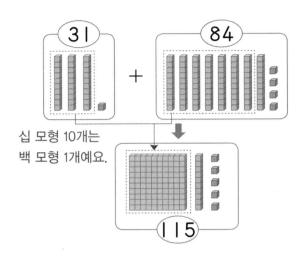

십 모형 10개는 백 모형 1개예요.

● 계산해 보세요.

1
```
   5 2
 + 7 0
```

2
```
   1 3
 + 9 6
```

3
```
   2 0
 + 9 0
```

4
```
   3 7
 + 8 1
```

5
```
   4 5
 + 8 2
```

6
```
   5 0
 + 7 3
```

7
```
   6 0
 + 9 0
```

8
```
   7 6
 + 7 1
```

9
```
   8 3
 + 6 2
```

● 계산을 하여 누가 도둑인지 찾아보세요.

현상 수배   현상 수배   현상 수배

10 넥

```
    4 3
 +  8 5
```

11 란

```
    3 5
 +  7 1
```

12 빨

```
    9 6
 +  2 2
```

13 노

```
    6 1
 +  6 2
```

14 간

```
    5 6
 +  9 3
```

15 모

```
    5 9
 +  5 0
```

16 자

```
    8 4
 +  6 2
```

17 타

```
    7 2
 +  4 5
```

18 이

```
    7 5
 +  8 4
```

계산 결과에 해당하는
글자를 빈칸에
써넣으면 누가 도둑인지
알 수 있어요.
도둑에 ○표 하세요.

123	106	109	146	118	149	128	117	159

✚ 31+84의 가로셈

같은 자리 수끼리 더해요.

$$31+84=115$$

1+4=5

3+8=11

십의 자리에서 받아올림하면 세 자리 수가 돼요.

● 계산해 보세요.

1 13+95=

 25+92=

 47+70=

2 16+92=

 77+62=

 84+33=

3 22+85=

 43+84=

 67+42=

4 80+57=

 68+91=

 73+85=

5 14+93=

 71+38=

 97+61=

6 86+62=

 94+93=

 65+74=

● 계산해 보세요.

7
82+31
=

8
96+43
=

9
72+93
=

10
93+26
=

11
43+63
=

12
56+62
=

13
61+54
=

14
12+97
=

15
68+61
=

16
52+74
=

17
75+41
=

05 여러 가지 방법으로 덧셈하기 (1)

✢ 37+24의 계산

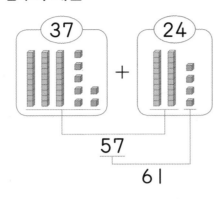

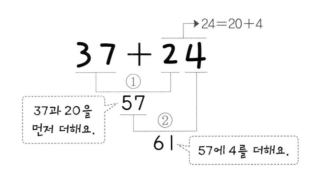

→ 24=20+4

$$37 + 24$$

37과 20을
먼저 더해요.

57에 4를 더해요.

57

61

● 보기 와 같이 계산해 보세요.

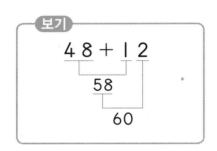

$$48 + 12$$
58
60

1 $$27 + 17$$
37

2 $$39 + 43$$
79

3 $$65 + 29$$

4 $$72 + 19$$

5 $$56 + 38$$

6 $$77 + 16$$

7 $$27 + 33$$

8 $$48 + 24$$

● ☐ 안에 알맞은 수를 써넣으세요.

9   2 7 + 4 6
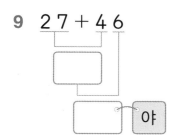 야

10   1 5 + 2 7
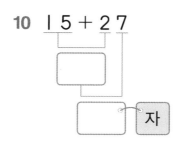 자

11   2 9 + 3 5
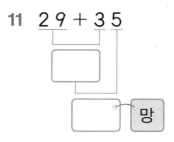 망

12   3 7 + 3 4
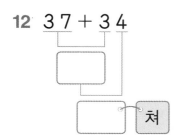 쳐

13   4 2 + 1 9
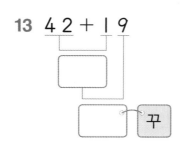 꾸

14   5 3 + 2 7
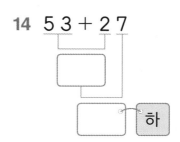 하

15   6 5 + 1 7
는

16   3 9 + 3 9
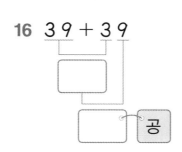 공

17   4 5 + 2 9
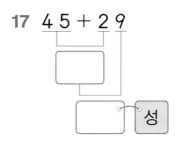 성

계산 결과에 해당하는 글자를
빈칸에 써넣어 만든
수수께끼의 답은 무엇일까요?

수수께끼

42	61		64	71	73		74	78	80	82

사람은?

✦ 37+24의 계산

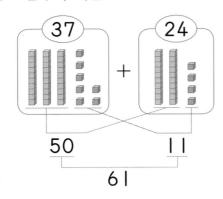

$+$

50   11

61

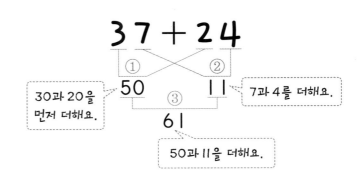

30과 20을 먼저 더해요.

7과 4를 더해요.

50과 11을 더해요.

● 보기 와 같이 계산해 보세요.

보기
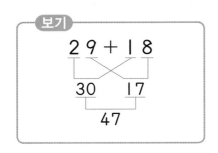

29 + 18

30   17

47

1 61 + 29

80   10

2 35 + 26

50   11

3 44 + 26

4 54 + 38

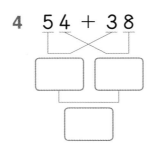

5 36 + 39

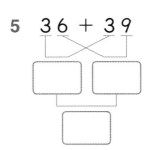

6 25 + 35

7 16 + 79

8 58 + 24

● ☐ 안에 알맞은 수를 써넣으세요.

9 13 + 68
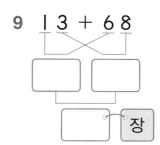
장

10 17 + 26
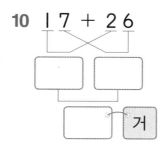
거

11 27 + 24
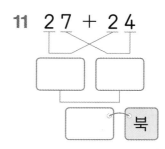
북

12 44 + 28
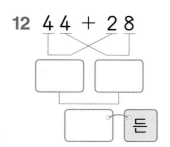
든

13 54 + 17
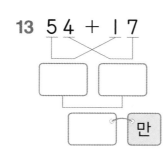
만

14 55 + 28
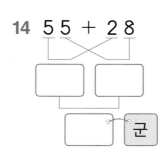
군

15 43 + 19
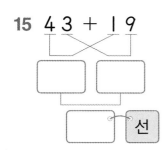
선

16 28 + 37
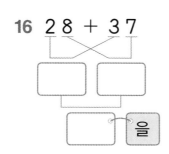
을

17 39 + 46
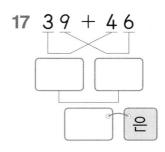
은

계산 결과에 해당하는 글자를
빈칸에 써넣어 만든
문제의 답은 무엇일까요?

43	51	62	65		71	72		81	83	85

?

07 두 자리 수끼리의 덧셈

✚ 27＋68의 계산

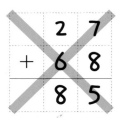

일의 자리에서 받아올림한
수를 더하지 않았어요.

● 계산해 보세요.

1
```
    2 8
+   6 9
───────
```

2
```
    6 5
+   5 2
───────
```

3
```
    1 9
+   4 7
───────
```

4
```
    5 6
+   9 3
───────
```

5
```
    8 5
+   8 3
───────
```

6
```
    9 1
+   4 8
───────
```

7
```
    1 3
+   4 9
───────
```

8
```
    1 4
+   2 7
───────
```

9
```
    3 0
+   7 4
───────
```

● 보기와 같이 다트 던지기를 하여 얻은 점수는 모두 몇 점인지 구하세요.

보기

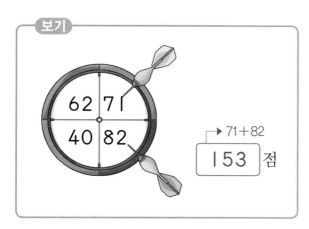

→ 71+82

| 153 | 점

10

 점

11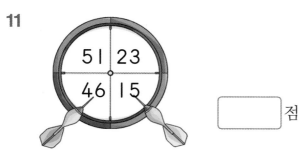

점

12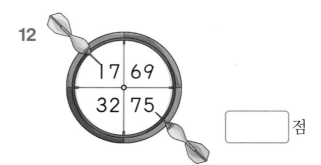

점

13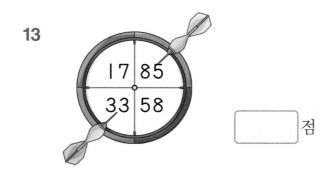

점

14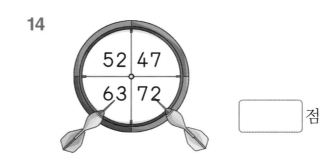

점

15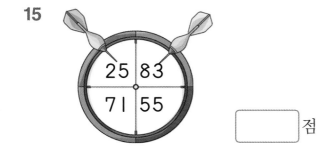

점

16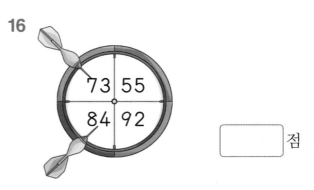

점

● 빈칸에 알맞은 수를 써넣으세요.

1
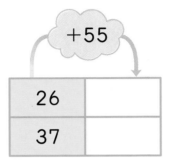

2
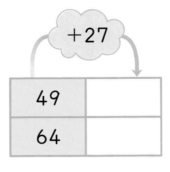

3
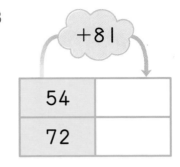

4

+62	
18	
47	

5
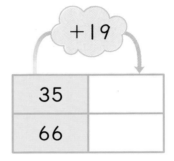

6
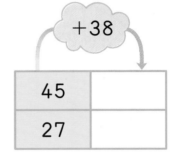

7

+28	
12	
52	

8
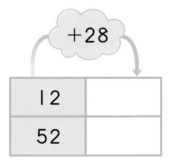

9
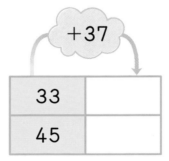

10

+35	
46	
90	

11
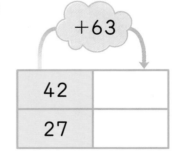

12
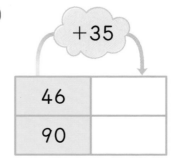

● 【보기】와 같이 같은 모양에 있는 수끼리의 합을 구하세요.

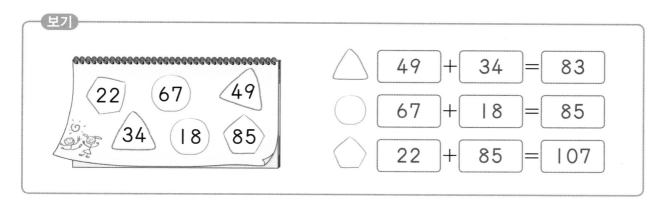

【보기】

△ 49 + 34 = 83

○ 67 + 18 = 85

⬠ 22 + 85 = 107

13

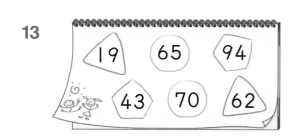

△ ☐ + ☐ = ☐

○ ☐ + ☐ = ☐

⬠ ☐ + ☐ = ☐

14

△ ☐ + ☐ = ☐

○ ☐ + ☐ = ☐

⬠ ☐ + ☐ = ☐

15

△ ☐ + ☐ = ☐

○ ☐ + ☐ = ☐

⬠ ☐ + ☐ = ☐

● 계산해 보세요.

1
```
    7 9
 +  1 5
```

2
```
    2 5
 +  5 8
```

3
```
    4 7
 +  4 3
```

4
```
    3 2
 +  2 9
```

5
```
    1 7
 +  6 6
```

6
```
    6 8
 +  2 9
```

7
```
    5 7
 +  1 8
```

8
```
    2 5
 +  6 5
```

9
```
    6 4
 +  7 3
```

10
```
    7 0
 +  5 3
```

11
```
    4 0
 +  8 0
```

12
```
    6 9
 +  5 0
```

13
```
    7 1
 +  3 7
```

14
```
    2 4
 +  9 2
```

15
```
    3 5
 +  8 4
```

16
```
    5 6
+   3 6
```

17
```
    6 7
+   1 8
```

18
```
    7 3
+   6 2
```

19
```
    4 3
+   7 5
```

20
```
    2 8
+   5 5
```

21
```
    3 3
+   8 4
```

22
```
    1 7
+   6 9
```

23
```
    5 6
+   3 5
```

24
```
    4 8
+   7 1
```

25
```
    3 7
+   4 6
```

26
```
    2 4
+   6 7
```

27
```
    5 6
+   5 3
```

28
```
    8 2
+   4 4
```

29
```
    3 6
+   4 8
```

30
```
    9 7
+   5 2
```

10 집중 연산 ❸

● 계산해 보세요.

1 23+38

57+26

2 74+52

45+37

3 16+48

23+57

4 84+42

21+97

5 68+27

17+75

6 25+15

28+66

7 52+76

47+62

8 94+34

31+87

9 48+44

37+35

10 53+29

62+83

11 18+67

73+36

12 60+50

30+90

13 36+28

63+45

14 98+61

37+35

15 14+78

56+83

16 44+95

34+38

17 25+56

15+76

18 57+13

12+48

19 65+19

23+49

20 62+18

56+36

21 37+17

29+33

22 85+31

75+41

23 99+50

40+97

24 34+71

58+51

25 47+24

47+91

26 44+26

38+55

27 68+29

66+72

28 40+70

50+80

29 33+47

90+95

30 60+57

49+44

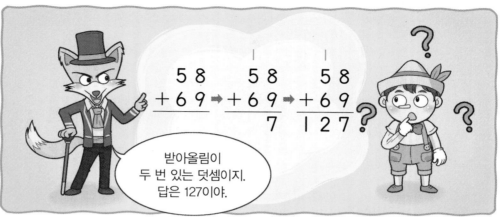

학습내용

▶ (두 자리 수)+(한 자리 수)

▶ (두 자리 수)+(두 자리 수)

▶ 여러 가지 방법으로 덧셈하기

▶ (세 자리 수)+(한 자리 수)

연산력 게임

스마트폰을 이용하여 QR을 찍으면 재미있는 연산 게임을 할 수 있습니다.

01 (두 자리 수)＋(한 자리 수) (1)

✤ 95＋8의 세로셈

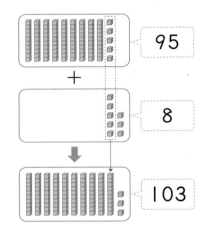

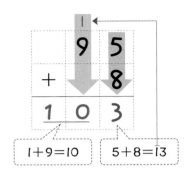

● 계산해 보세요.

1
```
    9 1
  +   9
```

2
```
    9 3
  +   8
```

3
```
    9 5
  +   7
```

4
```
    9 6
  +   8
```

5
```
    9 9
  +   4
```

6
```
    9 8
  +   4
```

7
```
    9 7
  +   9
```

8
```
    9 4
  +   9
```

9
```
    9 7
  +   7
```

● 계산을 하여 누가 원석이의 동생인지 찾아보세요.

지윤　　　　별아　　　　소영

내 동생은 누구게~?!

원석

10
```
    9  9
 +     5
```
리

11
```
    9  8
 +     7
```
발

12
```
    9  9
 +     2
```
머

13
```
    9  6
 +     7
```
단

14
```
    9  8
 +     9
```
색

15
```
    9  5
 +     5
```
발

16
```
    9  8
 +     8
```
란

17
```
    9  4
 +     8
```
신

18
```
    9  9
 +     9
```
파

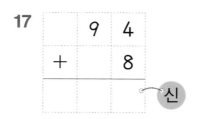

계산 결과에 해당하는
글자를 빈칸에 써넣어
원석이의 동생을
찾아보세요.

103	100	101	104		108	106	107		102	105

02 (두 자리 수)+(한 자리 수) (2)

✚ 95+8의 가로셈

$$95 + 8 = \underline{103}$$

5+8=13

1+9=10

받아올림한 수를
잊지 않고 더해요.

● 계산해 보세요.

1 99+2=☐

99+1=☐

99+5=☐

2 98+5=☐

98+9=☐

98+4=☐

3 96+4=☐

96+9=☐

96+5=☐

4 95+7=☐

95+6=☐

95+9=☐

5 93+9=☐

97+9=☐

92+9=☐

6 92+8=☐

93+8=☐

96+8=☐

● 보기와 같이 두 수의 합에 해당하는 글자를 찾아 써 보세요.

보기

92	101	102	95	104	105
사	리	참	과	체	외

$94+8=\boxed{102}$ ➡ ___참___ , $99+6=\boxed{105}$ ➡ ___외___

7

90	102	105	108	100	92
복	렌	오	아	지	숭

$98+7=\boxed{}$ ➡ _____

$97+5=\boxed{}$ ➡ _____

$94+6=\boxed{}$ ➡ _____

8

106	103	96	101	93	105
릿	초	사	젤	탕	콜

$94+9=\boxed{}$ ➡ _____

$97+8=\boxed{}$ ➡ _____

$99+7=\boxed{}$ ➡ _____

9

94	104	92	97	107	102
즙	추	적	배	상	양

$99+3=\boxed{}$ ➡ _____

$99+8=\boxed{}$ ➡ _____

$98+6=\boxed{}$ ➡ _____

10

103	101	106	91	100	96
구	치	시	고	금	마

$98+8=\boxed{}$ ➡ _____

$97+3=\boxed{}$ ➡ _____

$94+7=\boxed{}$ ➡ _____

03 (두 자리 수)+(두 자리 수) (1)

✚ 52+69의 세로셈

 합이 10이거나 10보다 크면 바로 윗자리로 받아올림해요.

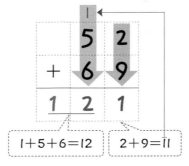

1+5+6=12   2+9=11

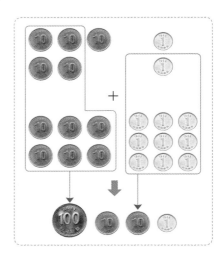

● 계산해 보세요.

1
```
    8  6
 +  3  5
```

2
```
    2  7
 +  8  3
```

3
```
    6  6
 +  4  8
```

4
```
    9  8
 +  5  4
```

5
```
    7  4
 +  6  7
```

6
```
    6  8
 +  3  7
```

7
```
    4  4
 +  9  8
```

8
```
    8  5
 +  6  7
```

9
```
    6  8
 +  5  2
```

● 계산해 보세요.

10
```
      4   6
  +   8   4
─────────────
```

11
```
      5   8
  +   4   9
─────────────
```

12
```
      3   7
  +   7   8
─────────────
```

13
```
      6   6
  +   7   7
─────────────
```

14
```
      2   8
  +   9   5
─────────────
```

15
```
      7   4
  +   4   8
─────────────
```

16
```
      8   5
  +   3   6
─────────────
```

17
```
      9   2
  +   3   9
─────────────
```

18
```
      6   3
  +   8   7
─────────────
```

계산 결과가 적힌 칸을
모두 찾아 ✕표 하고
남은 글자를 위부터
차례대로 읽어 봐요!

초	우	요	키
105	107	121	122

쿠	치	콜	트
115	131	124	123

거	릿	즈	유
150	160	130	143

04 (두 자리 수)+(두 자리 수) (2)

✛ 52+69의 가로셈

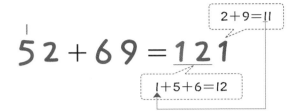

일의 자리에서
받아올림한 수 1을 잊지 않고
반드시 더해요.

● 계산해 보세요.

1   84+77=◻

     59+87=◻

     46+69=◻

2   43+87=◻

     44+79=◻

     68+37=◻

3   73+78=◻

     83+88=◻

     96+34=◻

4   66+95=◻

     35+97=◻

     72+29=◻

5   65+56=◻

     49+94=◻

     27+87=◻

6   28+86=◻

     68+78=◻

     39+65=◻

● 계산해 보세요.

7
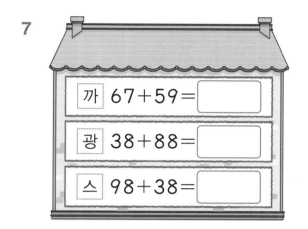

까 67+59=

광 38+88=

스 98+38=

8
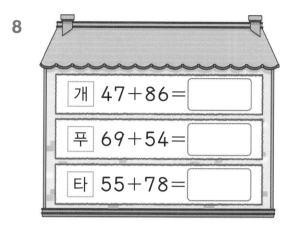

개 47+86=

푸 69+54=

타 55+78=

9
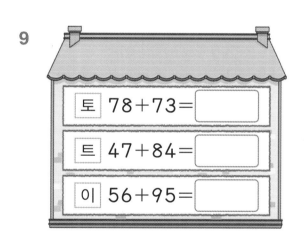

토 78+73=

트 47+84=

이 56+95=

10
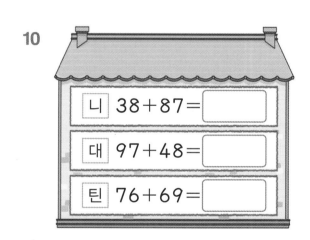

니 38+87=

대 97+48=

틴 76+69=

11

왕 85+28=

계 76+37=

크 29+94=

계산 결과가 다른 하나에 해당하는
글자를 빈칸에 써넣어 보세요.
1957년에 우주로 쏘아올린
최초의 인공위성이에요.

7	8	9	10	11

호

✛ 25+86의 계산

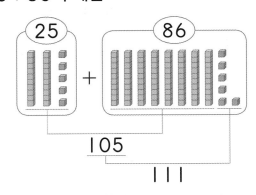

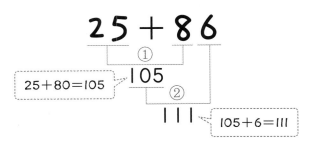

● 보기와 같이 계산해 보세요.

보기

$$34 + 66$$
94
100

1 $56 + 56$
106

2 $89 + 95$
179

3 $45 + 57$

4 $58 + 62$

5 $99 + 98$

6 $44 + 66$

7 $83 + 28$

8 $88 + 34$

● ☐ 안에 알맞은 수를 써넣으세요.

9 6 7 + 9 7
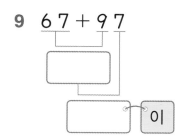
이

10 8 7 + 6 6
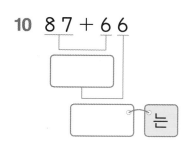
는

11 5 9 + 9 8
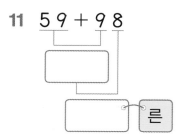
른

12 6 3 + 5 8
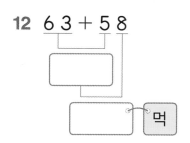
먹

13 4 9 + 6 1
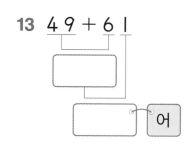
어

14 3 9 + 7 9
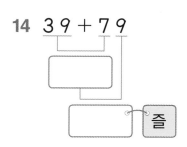
즐

15 7 8 + 8 2
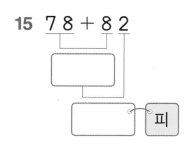
피

16 6 8 + 6 5
겨

17 2 2 + 8 9
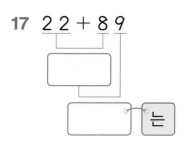
는

계산 결과에 해당하는 글자를 빈칸에
써넣어 만든 수수께끼를 풀어 보세요.

수수께끼								
110	157	164	118	133	121	153	160	111

?

06 여러 가지 방법으로 덧셈하기 (2)

✛ 25+86의 계산

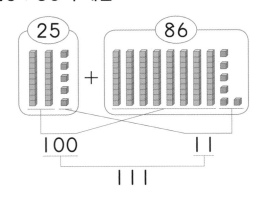

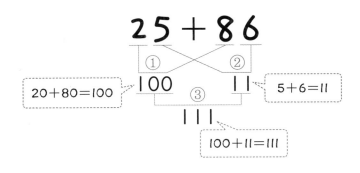

● 보기 와 같이 계산해 보세요.

보기

$$52+58$$

100   10

110

1 $$91+89$$

170   10

2 $$37+85$$

110

3 $$56+69$$

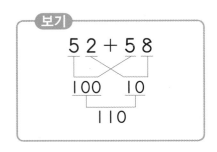

4 $$77+97$$

5 $$45+87$$

6 $$92+49$$

7 $$63+79$$

8 $$38+86$$

● ☐ 안에 알맞은 수를 써넣으세요.

9 48 + 94

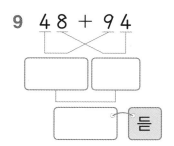

들

10 93 + 38

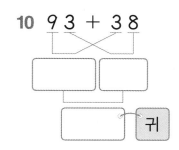

귀

11 34 + 76

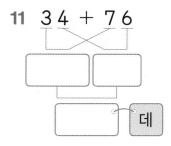

데

12 29 + 98

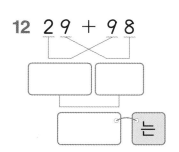

는

13 97 + 85

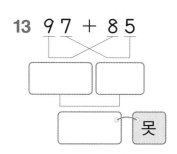

못

14 78 + 73

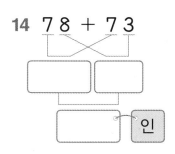

인

15 55 + 65

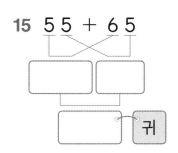

귀

16 99 + 17

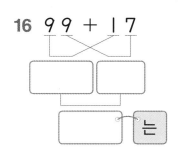

는

17 49 + 89

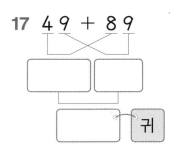

귀

계산 결과에 해당하는 글자를 빈칸에 써넣어 만든 수수께끼의 답은 무엇일까요?

수수께끼									
120	116	131	151	110	182	142	127	138	
									는?

07 두 자리 수끼리의 덧셈

✦ 59+76의 계산

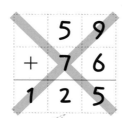

일의 자리에서 받아올림한
수를 더하지 않았어요.

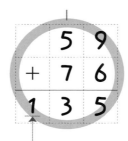

십의 자리에서 받아올림한
수는 백의 자리에 써요.

받아올림에
주의해서 계산해요!

● 계산해 보세요.

1
```
    9  5
+   6  6
```

2
```
    4  7
+   8  9
```

3
```
    5  3
+   5  7
```

4
```
    7  6
+   6  9
```

5
```
    5  6
+   4  9
```

6
```
    8  4
+   4  8
```

7
```
    2  8
+   8  4
```

8
```
    7  7
+   3  4
```

9
```
    3  7
+   6  9
```

● 계산해 보세요.

10 $83+59=\boxed{}$

11 $96+69=\boxed{}$

12 $72+88=\boxed{}$

13 $66+77=\boxed{}$

14 $54+76=\boxed{}$

15 $49+54=\boxed{}$

16 $95+27=\boxed{}$

17 $57+67=\boxed{}$

18 $38+94=\boxed{}$

19 $29+82=\boxed{}$

20 $36+84=\boxed{}$

21 $85+47=\boxed{}$

08 (세 자리 수)+(한 자리 수) (1)

✛ 195+8의 세로셈

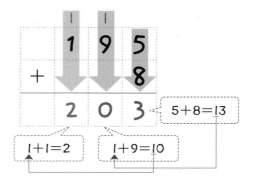

십의 자리에서
받아올림한 수 1은
100을 나타내요.

일의 자리에서
받아올림한 수 1은
10을 나타내요.

5+8=13

1+1=2   1+9=10

● 계산해 보세요.

1
	2	9	4
+			7

2
	1	9	6
+			7

3
	6	9	8
+			8

4
	7	9	9
+			6

5
	3	9	8
+			3

6
	4	9	5
+			5

7
	1	9	7
+			9

8
	5	9	9
+			8

9
	8	9	6
+			8

● 계산해 보세요.

물
10
```
    3 9 7
  +     7
```

눈
11
```
    5 9 6
  +     6
```

면
12
```
    1 9 8
  +     4
```

리
13
```
    4 9 9
  +     5
```

무
14
```
    3 9 3
  +     9
```

을
15
```
    7 9 2
  +     8
```

가
16
```
    8 9 7
  +     3
```

흘
17
```
    5 9 1
  +     9
```

계산 결과에 해당하는 글자를 빈칸에 써넣어 보세요. 이 수수께끼의 답은 세 글자!

수수께끼

402	900		602	404	800		600	504	202

?

09 (세 자리 수)+(한 자리 수) (2)

✛ 195+8의 가로셈

$$195 + 8 = \underline{203}$$

5+8=13

1+19=20

일의 자리에서 받아올림한 수 1을 19에 더해요!

● 계산해 보세요.

1 294+6=☐

595+6=☐

897+6=☐

2 398+4=☐

196+4=☐

799+4=☐

3 695+8=☐

299+8=☐

593+8=☐

4 494+6=☐

197+3=☐

892+8=☐

5 397+4=☐

692+9=☐

895+9=☐

6 693+8=☐

497+7=☐

796+6=☐

7 토끼는 계산 결과가 맞는 식이 적힌 곳의 간식만 먹을 수 있습니다. 먹을 수 있는 간식에 모두 ○표 하세요.

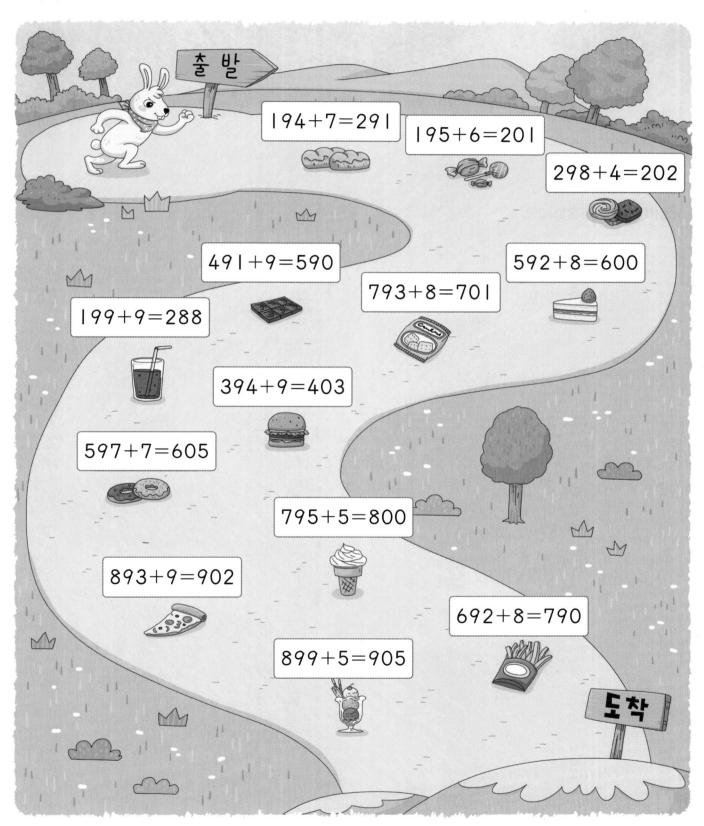

10 길이의 합

✚ 74 cm＋58 cm의 계산

└→ 길이를 잴 때 쓰는 단위로 센티미터라고 읽어요.

단위는 그대로 쓰고 자연수의 덧셈과 같이 계산해요.

```
   7 4 cm
 + 5 8 cm
 1 3 2 cm
```

74 cm＋58 cm＝132 cm

● 길이의 합을 구하세요.

1
```
   9 6 cm
 +   8 cm
       cm
```

2
```
   9 4 cm
 +   7 cm
       cm
```

3
```
   9 2 cm
 +   9 cm
       cm
```

4
```
   8 3 cm
 + 2 9 cm
       cm
```

5
```
   5 7 cm
 + 6 6 cm
       cm
```

6
```
   8 9 cm
 + 8 7 cm
       cm
```

7
```
 1 9 6 cm
 +   6 cm
       cm
```

8
```
 2 9 7 cm
 +   9 cm
       cm
```

9
```
 6 9 5 cm
 +   7 cm
       cm
```

● 두 종류의 털실을 모두 사용하여 장식 고리를 만들었습니다. 사용한 털실의 길이는 모두 몇 cm인지 구하세요.

10

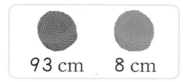

93 cm 8 cm

$93 \text{ cm} + 8 \text{ cm} = \boxed{} \text{ cm}$

11

95 cm 7 cm

$95 \text{ cm} + 7 \text{ cm} = \boxed{} \text{ cm}$

12

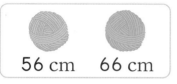

56 cm 66 cm

$\boxed{} \text{ cm} + \boxed{} \text{ cm} = \boxed{} \text{ cm}$

13

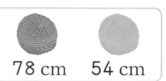

78 cm 54 cm

$\boxed{} \text{ cm} + \boxed{} \text{ cm} = \boxed{} \text{ cm}$

14

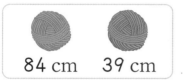

84 cm 39 cm

$\boxed{} \text{ cm} + \boxed{} \text{ cm} = \boxed{} \text{ cm}$

15

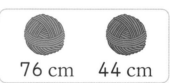

76 cm 44 cm

$\boxed{} \text{ cm} + \boxed{} \text{ cm} = \boxed{} \text{ cm}$

16

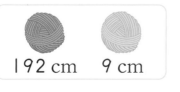

192 cm 9 cm

$\boxed{} \text{ cm} + \boxed{} \text{ cm} = \boxed{} \text{ cm}$

17

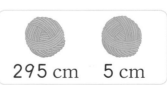

295 cm 5 cm

$\boxed{} \text{ cm} + \boxed{} \text{ cm} = \boxed{} \text{ cm}$

집중 연산 ❶

● 빈칸에 알맞은 수를 써넣으세요.

1

93	+	49	=	
+		+		+
9		76		8
=		=		=

2

78	+	97	=	
+		+		+
46		7		6
=		=		=

3

95	+	99	=	
+		+		+
36		8		7
=		=		=

4

85	+	36	=	
+		+		+
65		79		9
=		=		=

5

68	+	57	=	
+		+		+
78		66		6
=		=		=

6

94	+	98	=	
+		+		+
9		27		8
=		=		=

● 빈칸에 알맞은 수를 써넣으세요.

7 97+5 ←　　　　　　→97+6

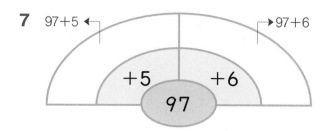

8

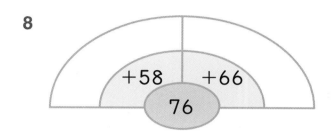

9

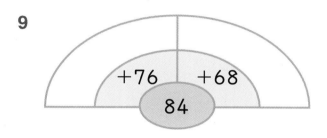

10

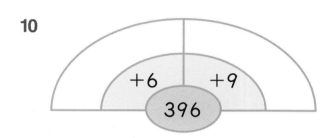

11

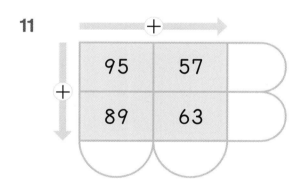

12

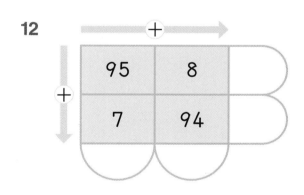

13

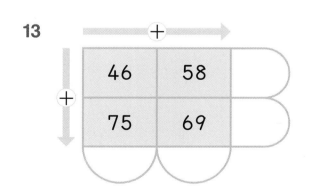

14

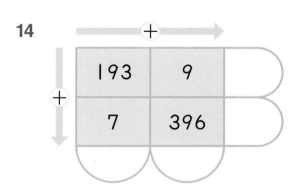

집중 연산 ❷

● 계산해 보세요.

1
```
    9 9
  +   3
```

2
```
    9 4
  +   9
```

3
```
    9 7
  +   4
```

4
```
    4 9
  + 8 3
```

5
```
    5 2
  + 6 9
```

6
```
    3 5
  + 8 8
```

7
```
    6 7
  + 5 8
```

8
```
    7 8
  + 4 3
```

9
```
    2 7
  + 9 5
```

10
```
  2 9 7
  +   4
```

11
```
  5 9 3
  +   8
```

12
```
  8 9 6
  +   4
```

13
```
  6 9 8
  +   5
```

14
```
  4 9 5
  +   6
```

15
```
  7 9 7
  +   3
```

● ☐ 안에 알맞은 수를 써넣으세요.

16 97 + 36

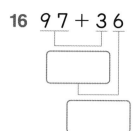

17 75 + 69

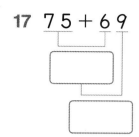

18 54 + 57

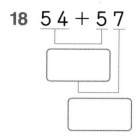

19 56 + 58

20 82 + 39

21 63 + 68

22 57 + 48

23 97 + 56

24 68 + 47

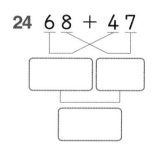

25 59 + 69

26 92 + 38

27 75 + 37

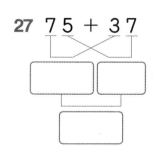

13 집중 연산 ❸

● 계산해 보세요.

1 97+9

99+6

2 98+7

96+4

3 97+5

98+8

4 39+74

48+94

5 57+68

96+69

6 75+66

85+77

7 67+43

76+56

8 85+37

48+66

9 29+85

74+78

10 88+63

56+49

11 36+78

91+99

12 47+84

72+59

13 193+9

395+8

14 798+7

297+4

15 696+5

494+6

● 길이의 합을 구하세요.

16 $95 \text{ cm} + 6 \text{ cm} = \boxed{} \text{ cm}$

$97 \text{ cm} + 5 \text{ cm} = \boxed{} \text{ cm}$

17 $94 \text{ cm} + 9 \text{ cm} = \boxed{} \text{ cm}$

$99 \text{ cm} + 7 \text{ cm} = \boxed{} \text{ cm}$

18 $54 \text{ cm} + 67 \text{ cm} = \boxed{} \text{ cm}$

$38 \text{ cm} + 86 \text{ cm} = \boxed{} \text{ cm}$

19 $73 \text{ cm} + 89 \text{ cm} = \boxed{} \text{ cm}$

$27 \text{ cm} + 93 \text{ cm} = \boxed{} \text{ cm}$

20 $45 \text{ cm} + 78 \text{ cm} = \boxed{} \text{ cm}$

$56 \text{ cm} + 84 \text{ cm} = \boxed{} \text{ cm}$

21 $96 \text{ cm} + 65 \text{ cm} = \boxed{} \text{ cm}$

$75 \text{ cm} + 36 \text{ cm} = \boxed{} \text{ cm}$

22 $68 \text{ cm} + 55 \text{ cm} = \boxed{} \text{ cm}$

$95 \text{ cm} + 76 \text{ cm} = \boxed{} \text{ cm}$

23 $84 \text{ cm} + 78 \text{ cm} = \boxed{} \text{ cm}$

$39 \text{ cm} + 81 \text{ cm} = \boxed{} \text{ cm}$

24 $59 \text{ cm} + 67 \text{ cm} = \boxed{} \text{ cm}$

$95 \text{ cm} + 45 \text{ cm} = \boxed{} \text{ cm}$

25 $26 \text{ cm} + 98 \text{ cm} = \boxed{} \text{ cm}$

$83 \text{ cm} + 58 \text{ cm} = \boxed{} \text{ cm}$

☀ 빅터의 덧셈을 알려주겠어!

덧셈을 머리셈으로 계산하는 방법을 알아볼까요?

• 29+42의 계산

$$29 + 42 = 71$$

↓ +1 ↑ −1

몇십으로 만들어요.

몇십으로 만들 때 더한 만큼 빼 줘요.

$$30 + 42 = 72$$

• 86+47의 계산

$$86 + 47 = 133$$

↓ +4 ↑ −4

86에 4만 더하면 90이 돼요.

90을 만들 때 더한 4만큼 빼 줘요.

$$90 + 47 = 137$$

♣ 다른 덧셈도 머리셈으로 계산해 볼까요?

1 69 + 35 = ☐

↓ +1 ↑ −1

70 + 35 = 105

2 88 + 34 = ☐

↓ +2 ↑ −2

90 + 34 = 124

3 77 + 38 = ☐

↓ +3 ↑ −3

80 + 38 = 118

4 58 + 56 = ☐

↓ +2 ↑ −2

60 + 56 = 116

水 漁 之 交
물 물고기 갈 사귈
수 어 지 교

물고기에게 물은 정말 소중한 존재이지요.
수어지교란 물고기와 물의 관계처럼,
아주 친밀하여 떨어질 수 없는 사이
또는 깊은 우정을 일컫는 말이랍니다.

뭘 좋아할지 몰라 다 준비했어♥
전과목 교재

전과목 시리즈 교재

●무등샘 해법시리즈
– 국어/수학	1~6학년, 학기용
– 사회/과학	3~6학년, 학기용
– 봄·여름/가을·겨울	1~2학년, 학기용
– SET(전과목/국수, 국사과)	1~6학년, 학기용

●똑똑한 하루 시리즈
– 똑똑한 하루 독해	예비초~6학년, 총 14권
– 똑똑한 하루 글쓰기	예비초~6학년, 총 14권
– 똑똑한 하루 어휘	예비초~6학년, 총 14권
– 똑똑한 하루 한자	예비초~6학년, 총 14권
– 똑똑한 하루 수학	1~6학년, 학기용
– 똑똑한 하루 계산	예비초~6학년, 총 14권
– 똑똑한 하루 도형	예비초~6학년, 총 8권
– 똑똑한 하루 사고력	1~6학년, 학기용
– 똑똑한 하루 사회/과학	3~6학년, 학기용
– 똑똑한 하루 봄/여름/가을/겨울	1~2학년, 총 8권
– 똑똑한 하루 안전	1~2학년, 총 2권
– 똑똑한 하루 Voca	3~6학년, 학기용
– 똑똑한 하루 Reading	초3~초6, 학기용
– 똑똑한 하루 Grammar	초3~초6, 학기용
– 똑똑한 하루 Phonics	예비초~초등, 총 8권

●독해가 힘미다 시리즈
– 초등 문해력 독해가 힘이다 비문학편	3~6학년
– 초등 수학도 독해가 힘이다	1~6학년, 학기용
– 초등 문해력 독해가 힘이다 문장제수학편	1~6학년, 총 12권

영어 교재

●초등영어 교과서 시리즈
파닉스(1~4단계)	3~6학년, 학년용
영단어(1~4단계)	3~6학년, 학년용

●LOOK BOOK 영단어
	3~6학년, 단행본

●원서 읽는 LOOK BOOK 영단어
	3~6학년, 단행본

국가수준 시험 대비 교재

●해법 기초학력 진단평가 문제집
	2~6학년·중1 신입생, 총 6권

똑똑한 하루

빅터연산

정답 및 풀이

2·A
초등 2 수준

천재교육

정답 및 풀이
포인트 3가지

▶ 쉽게 찾을 수 있는 정답

▶ 알아보기 쉽게 정리된 정답

▶ 혼자서도 이해할 수 있는 친절한 문제 풀이

1 세 자리 수 (1)

01 100 알아보기 8~9쪽

1. 1
2. 2
3. 10
4. 20
5. 30
6. 3
7. 40
8. 5

9.
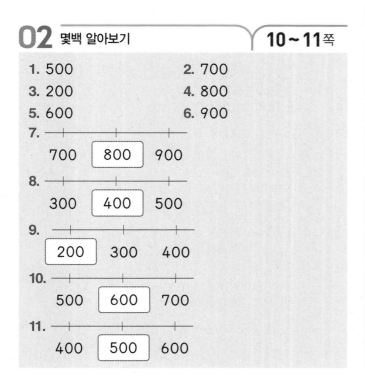

10.

11. 20
12. 40
13. 30
14. 50
15. 10
16. 40
17. 30
18. 20

11. 지갑에 80원이 있으므로 100원이 되려면 20원이 더 필요합니다.

15. 지갑에 90원이 있으므로 100원이 되려면 10원이 더 필요합니다.

02 몇백 알아보기 10~11쪽

1. 500
2. 700
3. 200
4. 800
5. 600
6. 900

7.

8.

9.

10.

11.

(상단 오른쪽)

12.
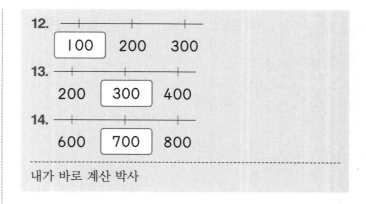
100 200 300

13.
200 300 400

14.
600 700 800

내가 바로 계산 박사

03 세 자리 수 알아보기 (1) 12~13쪽

1. 718
2. 3, 5, 9
3. 196
4. 6, 5, 1
5. 502
6. 4, 0, 7
7. 213
8. 452
9. 586
10. 397
11. 841
12. 632
13. 746

7. 돼지 저금통 안에 100원짜리 동전 2개, 10원짜리 동전 1개, 1원짜리 동전 3개가 들어 있으므로 돈은 모두 213원입니다.

04 세 자리 수 알아보기 (2) 14~15쪽

1. 182
2. 461
3. 620
4. 801
5. 905
6. 이백칠십삼
7. 칠백사십오
8. 구백이십육
9. 사백구십칠
10. 삼백십칠
11. 오백팔십
12. 육백팔

11. 자리의 숫자가 0이면 그 자리는 읽지 않습니다.
580 ➡ 오백팔십

05 세 자리 수의 자릿값 (1) 16~17쪽

1.
6	0	0
	7	0
		0

2.
2	0	0
	9	0
		9

3.
3	0	0
	1	0
		4

4.
5	0	0
	5	0
		5

5. 100, 8
6. 4 ; 500, 40
7. 4, 5, 5 ; 400, 50, 5
8. 2, 3, 6 ; 200, 30, 6
9. 3, 1, 5 ; 300, 10, 5
10. 2, 6, 5 ; 200, 60, 5

06 세 자리 수의 자릿값 (2) 18~19쪽

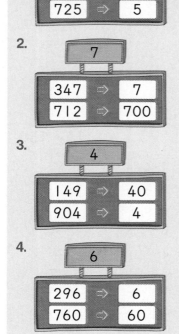

1.
5
506 ⇨ 500
725 ⇨ 5

2.
7
347 ⇨ 7
712 ⇨ 700

3.
4
149 ⇨ 40
904 ⇨ 4

4.
6
296 ⇨ 6
760 ⇨ 60

5.
9
491 ⇨ 90
930 ⇨ 900

6. 623, 621
7. 542, 147
8. 421, 621
9. 542, 514
10. 263, 623
11. 263, 169

623

07 집중 연산 ❶ 20~21쪽

1. 800, 팔백
2. 370, 삼백칠십
3. 136, 백삼십육
4. 209, 이백구
5. 451, 사백오십일
6. 623, 육백이십삼

7. 숫자 9가 900을 나타내는 수
954   890   149

8. 숫자 2가 20을 나타내는 수
276   402   728

9. 숫자 4가 4를 나타내는 수
349   458   524

10. 숫자 7이 700을 나타내는 수
473   726   597

11. 숫자 6이 60을 나타내는 수
608   796   263

12. 숫자 8이 8을 나타내는 수

718   583   820

13. 숫자 3이 300을 나타내는 수

931   378   593

3. 100이 1개 ⎤
    10이 3개 ⎬이면 136(백삼십육)
     1이 6개 ⎦

5. 100이 4개 ⎤
    10이 5개 ⎬이면 451(사백오십일)
     1이 1개 ⎦

7. 숫자 9가 나타내는 수를 알아봅니다.
9̲54 ➡ 900, 89̲0 ➡ 90, 14̲9 ➡ 9

8. 숫자 2가 나타내는 수를 알아봅니다.
2̲76 ➡ 200, 40̲2 ➡ 2, 72̲8 ➡ 20

08 집중 연산 ❷　　22~23쪽

1. 275	**2.** 348
3. 526	**4.** 602
5. 713	**6.** 859
7. 3, 9, 4	**8.** 4, 2, 8
9. 5, 0, 7	**10.** 7, 8, 1
11. 8, 1, 9	**12.** 9, 2, 0

13~21. 풀이 참조

13. 오백사십 ➡ 540

백의 자리	십의 자리	일의 자리
5	4	~~10~~

→ 0

14. 칠백육십이 ➡ 762

백의 자리	십의 자리	일의 자리
~~700~~	6	2

→ 7

15. 삼백육 ➡ 306

백의 자리	십의 자리	일의 자리
3	~~10~~	6

→ 0

16. 육백십오 ➡ 615

백의 자리	십의 자리	일의 자리
6	~~10~~	5

→ 1

17. 이백구십칠 ➡ 297

백의 자리	십의 자리	일의 자리
2	~~90~~	7

→ 9

18. 팔백칠 ➡ 807

백의 자리	십의 자리	일의 자리
8	~~100~~	7

→ 0

19. 구백칠십 ➡ 970

백의 자리	십의 자리	일의 자리
9	7	~~10~~

→ 0

20. 삼백육십일 ➡ 361

백의 자리	십의 자리	일의 자리
3	6	~~1~~

→ 1

21. 백구 ➡ 109

백의 자리	십의 자리	일의 자리
~~100~~	0	9

→ 1

2 세 자리 수 (2)

01 몇씩 뛰어 세기 　26~27쪽

1. 140－150－160－170－180－190－200
2. 263－264－265－266－267－268－269
3. 317－417－517－617－717－817－917
4. 850－855－860－865－870－875－880
5. 200－250－300－350－400－450－500
6. 493　　　　　7. 1000
8. 931　　　　　9. 505
10. 645　　　　11. 624

수수께끼 한 입 먹은 사과는? ; 파인애플

10. 5씩 뛰어 세어 봅니다.
　625－630－635－640－645
11. 50씩 뛰어 세어 봅니다.
　324－374－424－474－524－574－624

02 몇씩 뛰어 센 것인지 알아보기 　28~29쪽

1. 1　　　　　2. 10
3. 100　　　　4. 1
5. 100　　　　6. 10
7. 50　　　　　8. 5
9. 184 185 186 187 188 189 190
10. 351 451 551 651 751 851 951
11. 319 329 339 349 359 369 379
12. 210 260 310 360 410 460 510
13. 800 700 600 500 400 300 200
14. 880 870 860 850 840 830 820

9. 일의 자리 수가 1씩 커지므로 1씩 뛰어 셉니다.
10. 백의 자리 수가 1씩 커지므로 100씩 뛰어 셉니다.
11. 십의 자리 수가 1씩 커지므로 10씩 뛰어 셉니다.

03 수의 크기 비교 (1) 　30~31쪽

1. >, <　　　　　2. >, >
3. <, >　　　　　4. <, >
5. >, <　　　　　6. <, >
7. <, >　　　　　8. <, <
9. 풀이 참조

9.
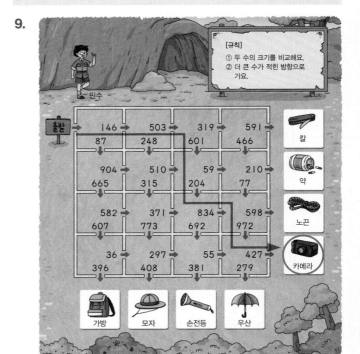

04 수의 크기 비교 (2) 　32~33쪽

1. <, >　　　　　2. <, <
3. >, <　　　　　4. <, >
5. <, >　　　　　6. >, <
7. <, >　　　　　8. <, >

9. < 10. >
11. < 12. <
13. < 14. <
15. < 16. >
17. >

9. 550<580
10. 750>728
11. 920<923
12. 735<750
13. 550<558
14. 915<923
15. 915<920
16. 580>558
17. 735>728

05 세 수의 크기 비교 ⑴   34~35쪽

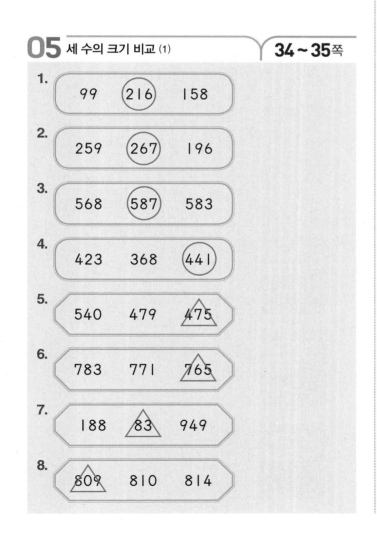

1. 99 (216) 158
2. 259 (267) 196
3. 568 (587) 583
4. 423 368 (441)
5. 540 479 △475
6. 783 771 △765
7. 188 △83 949
8. △809 810 814

1. 216>158>99
5. 475<479<540
9. 79<100<200
10. 97<102<210
11. 383<526<721
12. 185<259<308
13. 173<307<310
14. 278<294<387
15. 609<634<711

06 세 수의 크기 비교 (2) 36~37쪽

1. 763, 829, 930
2. 55, 198, 369
3. 463, 521, 603
4. 284, 296, 317
5. 566, 570, 601
6. 733, 738, 741
7. 820, 821, 829
8~15. 풀이 참조

8. 185<234<270

9. 89<95<102

10. 318<323<325

11. 447<495<502

12. 90<117<201

13. 398<419<428

14. 756<759<775

15. 620<622<624

07 규칙 찾기 38~39쪽

1. 4, 커지는
2. 2, 작아지는
3. 5, 작아지는
4. 7, 커지는
5. 3, 작아지는
6. 5, 커지는
7. 1
8. 10
9. 11
10. 9
11. 1
12. 8
13. 9
14. 7

08 규칙을 정해서 수 배열하기 40~41쪽

1. 3 — 8 — 13 — 18 — 23 — 28
2. 50 — 45 — 40 — 35 — 30 — 25
3. 10 — 14 — 18 — 22 — 26 — 30
4. 40 — 36 — 32 — 28 — 24 — 20
5. 5 — 12 — 19 — 26 — 33 — 40

6.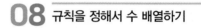

7.

8.

09 집중 연산 ❶ 42~43쪽

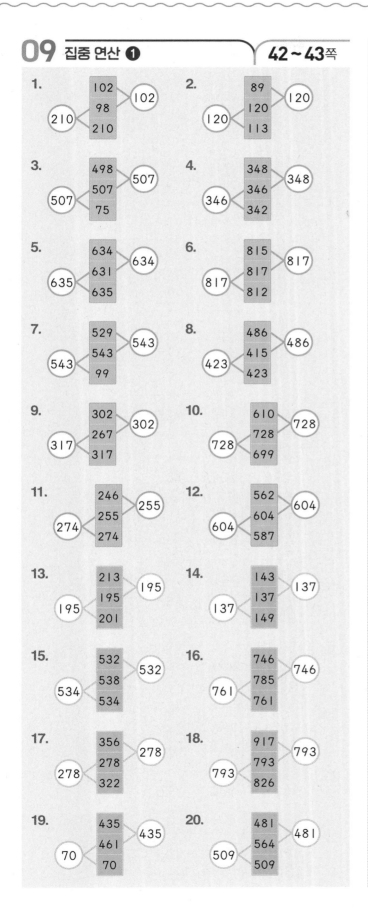

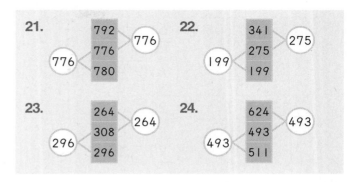

2. 89<120, 120>113
3. 498<507, 507>75
13. 213>195, 195<201
14. 143>137, 137<149

10 집중 연산 ❷ 44~45쪽

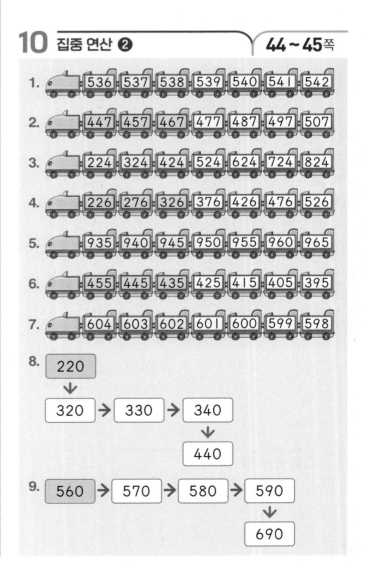

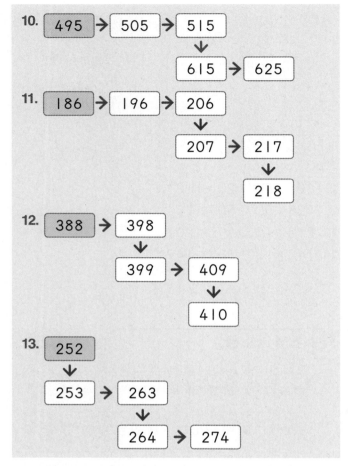

10. 495 → 505 → 515 → 615 → 625

11. 186 → 196 → 206 → 207 → 217 → 218

12. 388 → 398 → 399 → 409 → 410

13. 252 → 253 → 263 → 264 → 274

1. 일의 자리 수가 Ⅰ씩 커지므로 Ⅰ씩 뛰어 셉니다.
2. 십의 자리 수가 Ⅰ씩 커지므로 10씩 뛰어 셉니다.
3. 백의 자리 수가 Ⅰ씩 커지므로 100씩 뛰어 셉니다.
6. 십의 자리 수가 Ⅰ씩 작아지므로 10씩 작아지도록 뛰어 셉니다.
7. 일의 자리 수가 Ⅰ씩 작아지므로 Ⅰ씩 작아지도록 뛰어 셉니다.

11 집중 연산 ❸   46~47쪽

1.	2.	3.
<	<	<
>	<	<
<	>	>

4.	5.	6.
<	<	<
>	>	<
<	<	>

7.	8.	9.
>	<	<
<	<	<
<	>	>

10.	11.	12.
>	>	>
<	>	>
>	>	<

13. 96   (167)   △68

14. △234   (512)   379

15. (461)   △398   425

16. 196   (200)   △187

17. (913)   887   △865

18. △524   (627)   558

19. 672   △651   (689)

20. 746   (768)   △719

21. △376   (400)   396

22. (998)   △897   923

3 받아올림이 한 번 있는 덧셈 (1)

01 (두 자리 수)+(한 자리 수) (1) 50~51쪽

1. 23
2. 34
3. 42
4. 41
5. 51
6. 45
7. 90
8. 64
9. 81
10. 36
11. 83
12. 46
13. 78
14. 52
15. 65
16. 70
17. 35
18. 86

	97	48		78	27	46
	65	35	36	56	47	70
	83	25	99	39	66	86
				77	24	52

; 27

02 (두 자리 수)+(한 자리 수) (2) 52~53쪽

1. 23, 25, 20
2. 33, 30, 35
3. 53, 50, 52
4. 64, 60, 62
5. 73, 75, 70
6. 86, 81, 83
7. 37+3=40
8. 18+6=24
9. 24+6=30
10. 37+6=43
11. 18+8=26
12. 24+8=32
13. 15+6=21

03 (한 자리 수)+(두 자리 수) (1) 54~55쪽

1. 72
2. 54
3. 24
4. 40
5. 92
6. 33
7. 61
8. 42
9. 91

10.
```
      3
 +  1 8
    2 1
```
11.
```
      2
 +  2 8
    3 0
```
12.
```
      5
 +  2 6
    3 1
```
13.
```
      1
 +  2 9
    3 0
```
14.
```
      6
 +  2 4
    3 0
```
15.
```
      9
 +  3 1
    4 0
```
16.
```
      8
 +  2 7
    3 5
```
17.
```
      7
 +  1 9
    2 6
```
18.
```
      4
 +  1 7
    2 1
```

04 (한 자리 수)+(두 자리 수) (2) 56~57쪽

1. 21, 43, 82
2. 65, 27, 31
3. 43, 90, 62
4. 34, 51, 83
5. 73, 26, 51
6. 47, 61, 97
7. 40
8. 41
9. 8+38=46
10. 7+25=32
11. 8+29=37
12. 7+36=43
13. 8+35=43
14. 7+29=36

05 두 자리 수와 한 자리 수의 덧셈 [58~59쪽]

1. $53+9=60+2=\boxed{62}$
   7 2

2. $48+7=\boxed{50}+5=\boxed{55}$
   2 5

3. $75+8=\boxed{80}+\boxed{3}=\boxed{83}$
   5 3

4. $86+5=\boxed{90}+\boxed{1}=\boxed{91}$
   4 1

5. $37+4=\boxed{40}+\boxed{1}=\boxed{41}$
   3 1

6. $89+6=\boxed{90}+\boxed{5}=\boxed{95}$
   1 5

7. $78+8=80+6=\boxed{86}$
   2 6

8. $7+35=2+\boxed{40}=\boxed{42}$
   2 5

9. $64+9=\boxed{70}+3=\boxed{73}$
   6 3

10. $9+55=4+\boxed{60}=\boxed{64}$
    4 5

11. $38+9=\boxed{40}+7=\boxed{47}$
    2 7

12. $7+34=1+\boxed{40}=\boxed{41}$
    1 6

13. $85+7=\boxed{90}+\boxed{2}=\boxed{92}$
    5 2

14. $6+28=\boxed{4}+\boxed{30}=\boxed{34}$
    4 2

06 (세 자리 수)+(한 자리 수) (1) [60~61쪽]

1. 181
2. 584
3. 874
4. 731
5. 261
6. 490
7. 322
8. 695
9. 773

10.
```
  1 4 9
+     7
─────────
  1 5 6  (푼)
```

11.
```
  1 2 6
+     9
─────────
  1 3 5  (푼)
```

12.
```
  1 0 8
+     6
─────────
  1 1 4  (푼)
```

13.
```
  1 1 5
+     7
─────────
  1 2 2  (푼)
```

14.
```
  1 4 9
+     8
─────────
  1 5 7  (푼)
```

15.
```
  1 0 8
+     9
─────────
  1 1 7  (푼)
```

07 (세 자리 수)+(한 자리 수) (2) **62~63**쪽

1. 160, 485, 723
2. 270, 633, 912
3. 461, 960, 292
4. 163, 561, 834
5. 824, 176, 742
6. 664, 291, 537
7. 261
8. 192
9. 420
10. 753
11. 534
12. 313
13. 880
14. 946

7. Ⅴ: 5 ➡ 256+5=261
8. Ⅶ: 7 ➡ 185+7=192
9. Ⅲ: 3 ➡ 417+3=420
10. Ⅳ: 4 ➡ 749+4=753
11. Ⅵ: 6 ➡ 528+6=534
12. Ⅷ: 8 ➡ 305+8=313
13. Ⅰ: 1 ➡ 879+1=880
14. Ⅸ: 9 ➡ 937+9=946

08 집중 연산 ❶ **64~65**쪽

1.
26 5
31

2.
8 57
65

3.
7 47
54

4.
58 6
64

5.
33 7
40

6.
9 24
33

7.
+7
84   91

8.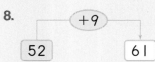
+9
52   61

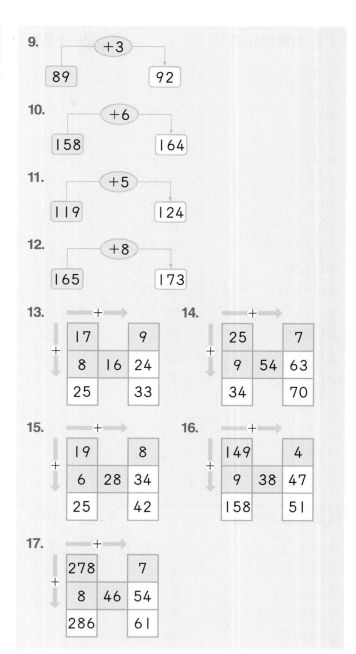

9. +3
89   92

10. +6
158   164

11. +5
119   124

12. +8
165   173

13.
+	17	9
8	16	24
25		33

14.
+	25	7
9	54	63
34		70

15.
+	19	8
6	28	34
25		42

16.
+	149	4
9	38	47
158		51

17.
+	278	7
8	46	54
286		61

13. 17+8=25, 8+16=24,
    9+24=33
14. 25+9=34, 9+54=63,
    7+63=70
15. 19+6=25, 6+28=34,
    8+34=42
16. 149+9=158, 9+38=47,
    4+47=51
17. 278+8=286, 8+46=54,
    7+54=61

09 집중 연산 ❷ 66~67쪽

1. 84	2. 31
3. 50	4. 43
5. 73	6. 27
7. 63	8. 31
9. 82	10. 83
11. 92	12. 52
13. 43	14. 63
15. 32	16. 354
17. 174	18. 450
19. 935	20. 622
21. 564	22. 371
23. 721	24. 461
25. 285	26. 543
27. 993	28. 721
29. 463	30. 830

10 집중 연산 ❸ 68~69쪽

1. 42, 54	2. 73, 32
3. 94, 61	4. 40, 61
5. 85, 32	6. 21, 51
7. 76, 91	8. 63, 44
9. 82, 51	10. 34, 61
11. 80, 92	12. 42, 50
13. 54, 34	14. 91, 62
15. 44, 72	16. 54, 35
17. 60, 27	18. 73, 41
19. 61, 36	20. 83, 63
21. 52, 90	22. 91, 54
23. 61, 32	24. 42, 83
25. 285, 662	26. 745, 355
27. 572, 992	28. 332, 190
29. 531, 960	30. 482, 862

4 받아올림이 한 번 있는 덧셈 (2)

01 일의 자리에서 받아올림이 있는 (두 자리 수)+(두 자리 수) (1) 72~73쪽

1. 82	2. 80
3. 94	4. 60
5. 73	6. 73
7. 90	8. 92
9. 41	

10~12. 풀이 참조

10.
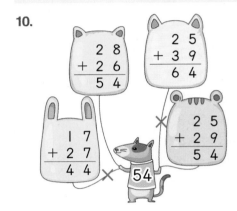

11.

12

02 일의 자리에서 받아올림이 있는 (두 자리 수)+(두 자리 수) (2)
74~75쪽

1. 44, 66, 85
2. 91, 42, 94
3. 76, 94, 95
4. 87, 66, 75
5. 52, 95, 61
6. 42, 94, 84

7.  37 +46 → 83

8.  17 +19 → 36

9.  25 +67 → 92

10.  16 +65 → 81

11.  24 +59 → 83

12. 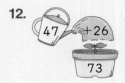 47 +26 → 73

13.  58 +12 → 70

14.  33 +48 → 81

03 십의 자리에서 받아올림이 있는 (두 자리 수)+(두 자리 수) (1)
76~77쪽

1. 122
2. 109
3. 110
4. 118
5. 127
6. 123
7. 150
8. 147
9. 145
10. 128
11. 106
12. 118
13. 123
14. 149
15. 109
16. 146
17. 117
18. 159

노란 모자, 빨간 넥타이

:

04 십의 자리에서 받아올림이 있는 (두 자리 수)+(두 자리 수) (2)
78~79쪽

1. 108, 117, 117
2. 108, 139, 117
3. 107, 127, 109
4. 137, 159, 158
5. 107, 109, 158
6. 148, 187, 139
7. 113
8. 139
9. 165
10. 119
11. 106
12. 118
13. 115
14. 109
15. 129
16. 126
17. 116

05 여러 가지 방법으로 덧셈하기 (1)
80~81쪽

1. 27+17
   37
   44

2. 39+43
   79
   82

3. 65+29
   85
   94

4. 72+19
   82
   91

5. 56+38
   86
   94

6. 77+16
   87
   93

7. 27+33
   57
   60

8. 48+24
   68
   72

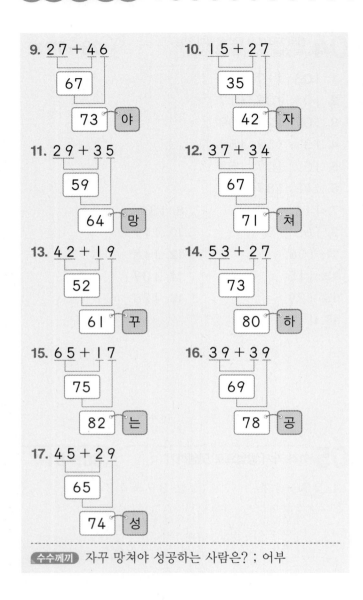

9. 27 + 46 → 67 → 73 야

10. 15 + 27 → 35 → 42 자

11. 29 + 35 → 59 → 64 망

12. 37 + 34 → 67 → 71 쳐

13. 42 + 19 → 52 → 61 꾸

14. 53 + 27 → 73 → 80 하

15. 65 + 17 → 75 → 82 는

16. 39 + 39 → 69 → 78 공

17. 45 + 29 → 65 → 74 성

수수께끼 자꾸 망쳐야 성공하는 사람은? ; 어부

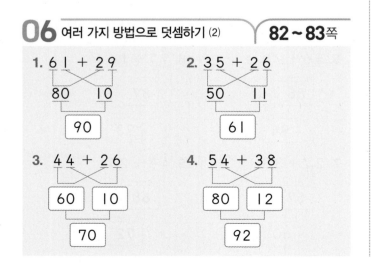

06 여러 가지 방법으로 덧셈하기 (2) 82~83쪽

1. 61 + 29 → 80 10 → 90

2. 35 + 26 → 50 11 → 61

3. 44 + 26 → 60 10 → 70

4. 54 + 38 → 80 12 → 92

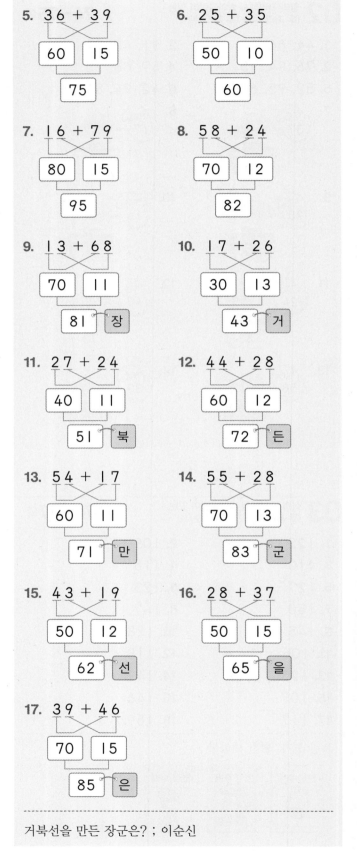

5. 36 + 39 → 60 15 → 75

6. 25 + 35 → 50 10 → 60

7. 16 + 79 → 80 15 → 95

8. 58 + 24 → 70 12 → 82

9. 13 + 68 → 70 11 → 81 장

10. 17 + 26 → 30 13 → 43 거

11. 27 + 24 → 40 11 → 51 북

12. 44 + 28 → 60 12 → 72 든

13. 54 + 17 → 60 11 → 71 만

14. 55 + 28 → 70 13 → 83 군

15. 43 + 19 → 50 12 → 62 선

16. 28 + 37 → 50 15 → 65 을

17. 39 + 46 → 70 15 → 85 은

거북선을 만든 장군은? ; 이순신

07 두 자리 수끼리의 덧셈 〉 **84~85**쪽

1. 97
2. 117
3. 66
4. 149
5. 168
6. 139
7. 62
8. 41
9. 104
10. 81
11. 61
12. 92
13. 118
14. 135
15. 108
16. 157

10. 54+27=81(점)
11. 46+15=61(점)
12. 17+75=92(점)
13. 85+33=118(점)
14. 63+72=135(점)
15. 25+83=108(점)
16. 73+84=157(점)

08 집중 연산 ❶ 〉 **86~87**쪽

1.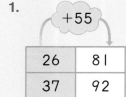

| 26 | 81 |
| 37 | 92 |

2.

| 49 | 76 |
| 64 | 91 |

3.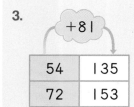

| 54 | 135 |
| 72 | 153 |

4.

| 18 | 80 |
| 47 | 109 |

5.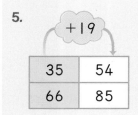

| 35 | 54 |
| 66 | 85 |

6.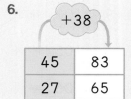

| 45 | 83 |
| 27 | 65 |

7.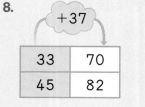

| 12 | 40 |
| 52 | 80 |

8.

| 33 | 70 |
| 45 | 82 |

9.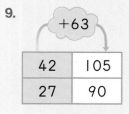

| 42 | 105 |
| 27 | 90 |

10.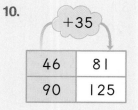

| 46 | 81 |
| 90 | 125 |

11.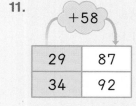

| 29 | 87 |
| 34 | 92 |

12.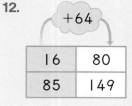

| 16 | 80 |
| 85 | 149 |

13. 19+62=81 또는 62+19=81 ;
　　65+70=135 또는 70+65=135 ;
　　43+94=137 또는 94+43=137
14. 83+46=129 또는 46+83=129 ;
　　34+56=90 또는 56+34=90 ;
　　25+28=53 또는 28+25=53
15. 76+14=90 또는 14+76=90 ;
　　61+48=109 또는 48+61=109 ;
　　52+66=118 또는 66+52=118

1. 26+55=81, 37+55=92
2. 49+27=76, 64+27=91
3. 54+81=135, 72+81=153
4. 18+62=80, 47+62=109
5. 35+19=54, 66+19=85
6. 45+38=83, 27+38=65
7. 12+28=40, 52+28=80
8. 33+37=70, 45+37=82
9. 42+63=105, 27+63=90
10. 46+35=81, 90+35=125
11. 29+58=87, 34+58=92
12. 16+64=80, 85+64=149

09 집중 연산 ❷ 88~89쪽

1. 94	2. 83
3. 90	4. 61
5. 83	6. 97
7. 75	8. 90
9. 137	10. 123
11. 120	12. 119
13. 108	14. 116
15. 119	16. 92
17. 85	18. 135
19. 118	20. 83
21. 117	22. 86
23. 91	24. 119
25. 83	26. 91
27. 109	28. 126
29. 84	30. 149

10 집중 연산 ❸ 90~91쪽

1. 61, 83	2. 126, 82
3. 64, 80	4. 126, 118
5. 95, 92	6. 40, 94
7. 128, 109	8. 128, 118
9. 92, 72	10. 82, 145
11. 85, 109	12. 110, 120
13. 64, 108	14. 159, 72
15. 92, 139	16. 139, 72
17. 81, 91	18. 70, 60
19. 84, 72	20. 80, 92
21. 54, 62	22. 116, 116
23. 149, 137	24. 105, 109
25. 71, 138	26. 70, 93
27. 97, 138	28. 110, 130
29. 80, 185	30. 117, 93

5 받아올림이 두 번 있는 덧셈

01 (두 자리 수)+(한 자리 수) ⑴ 94~95쪽

1. 100	2. 101
3. 102	4. 104
5. 103	6. 102
7. 106	8. 103
9. 104	10. 104
11. 105	12. 101
13. 103	14. 107
15. 100	16. 106
17. 102	18. 108

단발머리, 파란색 신발 ; 소영

02 (두 자리 수)+(한 자리 수) ⑵ 96~97쪽

1. 101, 100, 104
2. 103, 107, 102
3. 100, 105, 101
4. 102, 101, 104
5. 102, 106, 101
6. 100, 101, 104

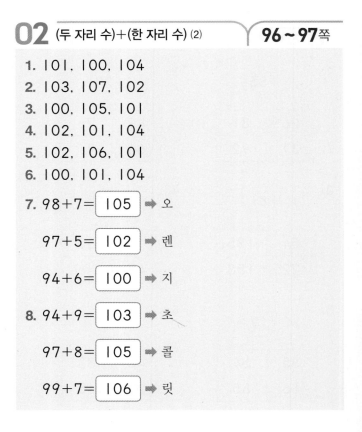

7. $98+7=\boxed{105}$ ➡ 오

   $97+5=\boxed{102}$ ➡ 렌

   $94+6=\boxed{100}$ ➡ 지

8. $94+9=\boxed{103}$ ➡ 초

   $97+8=\boxed{105}$ ➡ 콜

   $99+7=\boxed{106}$ ➡ 릿

9. $99+3=\boxed{102}$ ➡ 양

$99+8=\boxed{107}$ ➡ 상

$98+6=\boxed{104}$ ➡ 추

10. $98+8=\boxed{106}$ ➡ 시

$97+3=\boxed{100}$ ➡ 금

$94+7=\boxed{101}$ ➡ 치

03 (두 자리 수)+(두 자리 수) (1) — 98~99쪽

1. 121	2. 110
3. 114	4. 152
5. 141	6. 105
7. 142	8. 152
9. 120	10. 130
11. 107	12. 115
13. 143	14. 123
15. 122	16. 121
17. 131	18. 150

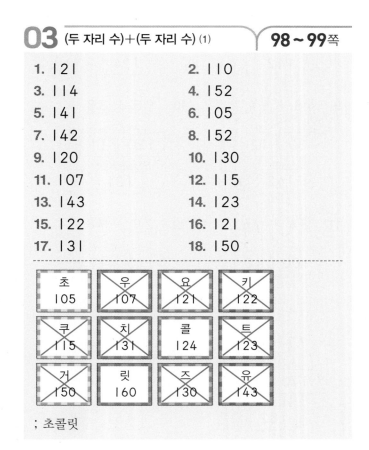

초 105	우 107	요 121	키 122
쿠 115	치 131	콜 124	트 123
거 150	릿 160	즈 130	유 143

; 초콜릿

04 (두 자리 수)+(두 자리 수) (2) — 100~101쪽

1. 161, 146, 115
2. 130, 123, 105
3. 151, 171, 130
4. 161, 132, 101
5. 121, 143, 114
6. 114, 146, 104
7. 126, 126, 136
8. 133, 123, 133
9. 151, 131, 151
10. 125, 145, 145
11. 113, 113, 123

스푸트니크 1호

7.

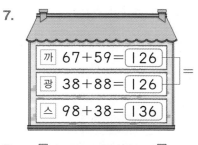

까 $67+59=\boxed{126}$
광 $38+88=\boxed{126}$
스 $98+38=\boxed{136}$

8.

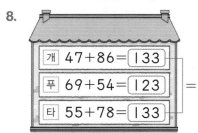

개 $47+86=\boxed{133}$
푸 $69+54=\boxed{123}$
타 $55+78=\boxed{133}$

05 여러 가지 방법으로 덧셈하기 (1) — 102~103쪽

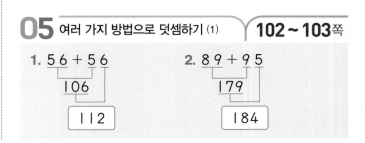

1. $56+56$
  106
  112

2. $89+95$
  179
  184

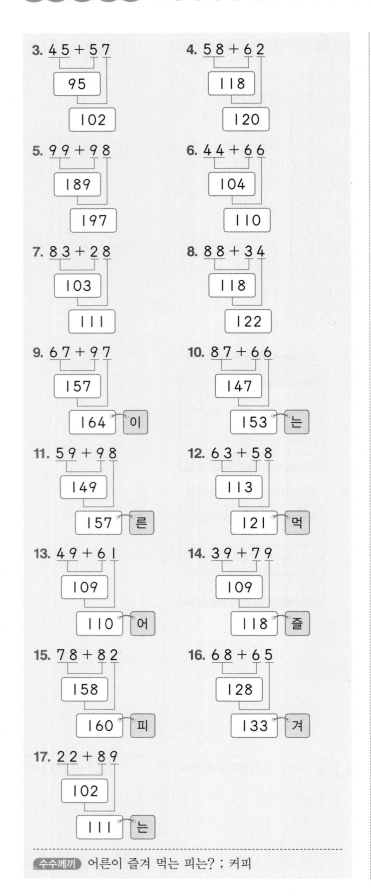

3. 45 + 57
95
102

4. 58 + 62
118
120

5. 99 + 98
189
197

6. 44 + 66
104
110

7. 83 + 28
103
111

8. 88 + 34
118
122

9. 67 + 97
157
164 이

10. 87 + 66
147
153 는

11. 59 + 98
149
157 른

12. 63 + 58
113
121 먹

13. 49 + 61
109
110 어

14. 39 + 79
109
118 즐

15. 78 + 82
158
160 피

16. 68 + 65
128
133 겨

17. 22 + 89
102
111 는

수수께끼 어른이 즐겨 먹는 피는? ; 커피

06 여러 가지 방법으로 덧셈하기 ⑵ 104~105쪽

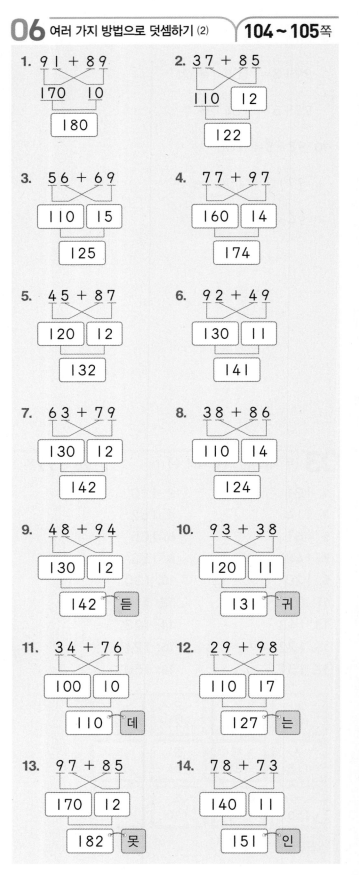

1. 91 + 89
170   10
180

2. 37 + 85
110   12
122

3. 56 + 69
110   15
125

4. 77 + 97
160   14
174

5. 45 + 87
120   12
132

6. 92 + 49
130   11
141

7. 63 + 79
130   12
142

8. 38 + 86
110   14
124

9. 48 + 94
130   12
142 든

10. 93 + 38
120   11
131 귀

11. 34 + 76
100   10
110 데

12. 29 + 98
110   17
127 는

13. 97 + 85
170   12
182 못

14. 78 + 73
140   11
151 인

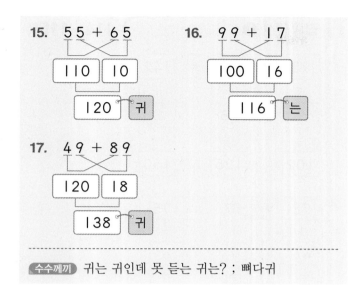

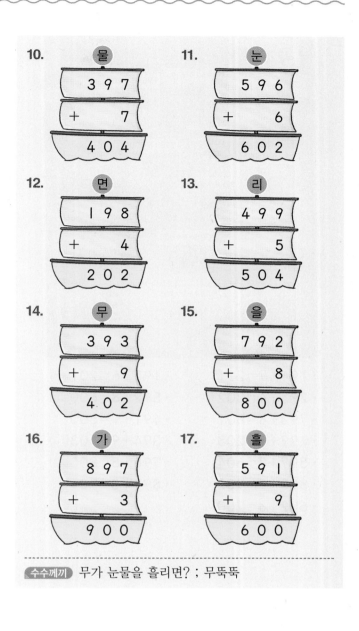

수수께끼 귀는 귀인데 못 듣는 귀는? ; 뼈다귀

수수께끼 무가 눈물을 흘리면? ; 무뚝뚝

07 두 자리 수끼리의 덧셈   106~107쪽

1. 161	2. 136
3. 110	4. 145
5. 105	6. 132
7. 112	8. 111
9. 106	
10. 142	11. 165
12. 160	13. 143
14. 130	15. 103
16. 122	17. 124
18. 132	19. 111
20. 120	21. 132

08 (세 자리 수)+(한 자리 수) ⑴   108~109쪽

1. 301	2. 203
3. 706	4. 805
5. 401	6. 500
7. 206	8. 607
9. 904	

09 (세 자리 수)+(한 자리 수) ⑵   110~111쪽

1. 300, 601, 903
2. 402, 200, 803
3. 703, 307, 601
4. 500, 200, 900
5. 401, 701, 904
6. 701, 504, 802
7. 풀이 참조

7.

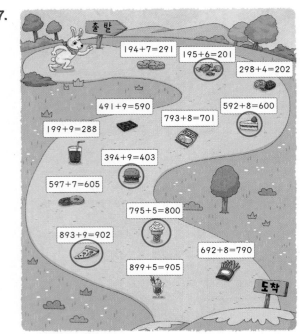

- 194+7=201
- 298+4=302
- 793+8=801
- 199+9=208
- 597+7=604
- 893+9=902(○)
- 692+8=700

- 195+6=201(○)
- 592+8=600(○)
- 491+9=500
- 394+9=403(○)
- 795+5=800(○)
- 899+5=904

10 길이의 합 112~113쪽

1. 104	2. 101
3. 101	4. 112
5. 123	6. 176
7. 202	8. 306
9. 702	
10. 101	11. 102
12. 56, 66, 122	13. 78, 54, 132
14. 84, 39, 123	15. 76, 44, 120
16. 192, 9, 201	17. 295, 5, 300

11 집중 연산 ❶ 114~115쪽

1.

93	+	49	=	142
+		+		+
9		76		8
=		=		=
102		125		150

2.

78	+	97	=	175
+		+		+
46		7		6
=		=		=
124		104		181

3.

95	+	99	=	194
+		+		+
36		8		7
=		=		=
131		107		201

4.

85	+	36	=	121
+		+		+
65		79		9
=		=		=
150		115		130

5.

68	+	57	=	125
+		+		+
78		66		6
=		=		=
146		123		131

6.

94	+	98	=	192
+		+		+
9		27		8
=		=		=
103		125		200

7.

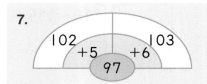

102 +5 +6 103
97

8.

134 +58 +66 142
76

9.

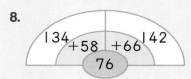

160 +76 +68 152
84

10.

402 +6 +9 405
396

11.

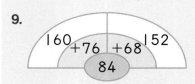

+		
95	57	152
89	63	152
184	120	

12.

+		
95	8	103
7	94	101
102	102	

13.

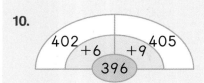

+		
46	58	104
75	69	144
121	127	

14.

+		
193	9	202
7	396	403
200	405	

1. $93+49=142$, $93+9=102$, $49+76=125$, $142+8=150$

2. $78+97=175$, $78+46=124$, $97+7=104$, $175+6=181$

3. $95+99=194$, $95+36=131$, $99+8=107$, $194+7=201$

4. $85+36=121$, $85+65=150$, $36+79=115$, $121+9=130$

5. $68+57=125$, $68+78=146$, $57+66=123$, $125+6=131$

6. $94+98=192$, $94+9=103$, $98+27=125$, $192+8=200$

7. $97+5=102$, $97+6=103$

11. $95+57=152$, $89+63=152$, $95+89=184$, $57+63=120$

12 집중 연산 ❷　　116~117쪽

1. 102　　**2.** 103

3. 101　　**4.** 132

5. 121　　**6.** 123

7. 125　　**8.** 121

9. 122　　**10.** 301

11. 601　　**12.** 900

13. 703　　**14.** 501

15. 800

16. 9 7 + 3 6
127
133

17. 7 5 + 6 9
135
144

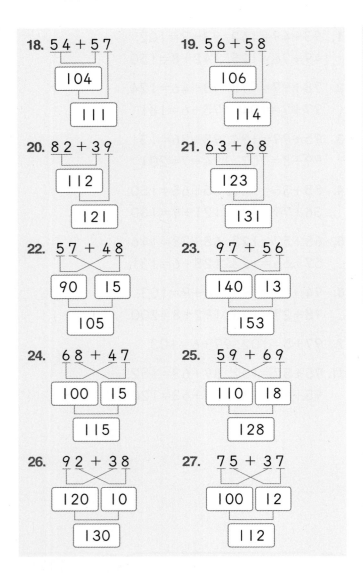

1. 106, 105	2. 105, 100
3. 102, 106	4. 113, 142
5. 125, 165	6. 141, 162
7. 110, 132	8. 122, 114
9. 114, 152	10. 151, 105
11. 114, 190	12. 131, 131
13. 202, 403	14. 805, 301
15. 701, 500	16. 101, 102
17. 103, 106	18. 121, 124
19. 162, 120	20. 123, 140
21. 161, 111	22. 123, 171
23. 162, 120	24. 126, 140
25. 124, 141	

빅터 연산

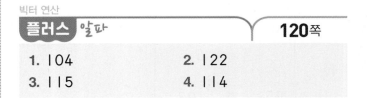

플러스 알파   **120**쪽

1. 104	2. 122
3. 115	4. 114

똑똑한 하루 시/리/즈

배우는 즐거움! 쌓이는 기초 실력!

공부 습관을 만들자!
하루 10**분!**

과목	교재 구성	과목	교재 구성
하루 독해	예비초~6학년 각 A·B (14권)	하루 VOCA	3~6학년 각 A·B (8권)
하루 어휘	예비초~6학년 각 A·B (14권)	하루 Grammar	3~6학년 각 A·B (8권)
하루 글쓰기	예비초~6학년 각 A·B (14권)	하루 Reading	3~6학년 각 A·B (8권)
하루 한자	예비초: 예비초 A·B (2권) 1~6학년: 1A~4C (12권)	하루 Phonics	Starter A·B / 1A~3B (8권)
하루 수학	1~6학년 1·2학기 (12권)	하루 봄·여름·가을·겨울	1~2학년 각 2권 (8권)
하루 계산	예비초~6학년 각 A·B (14권)	하루 사회	3~6학년 1·2학기 (8권)
하루 도형	예비초 A·B, 1~6학년 6단계 (8권)	하루 과학	3~6학년 1·2학기 (8권)
하루 사고력	1~6학년 각 A·B (12권)	하루 안전	1~2학년 (2권)

정답은
이안에
있어!